碳中和 200 问

中国科学院双碳项目咨询组 著

人民邮电出版社

北京

图书在版编目（CIP）数据

碳中和200问 / 中国科学院双碳项目咨询组著.

北京：人民邮电出版社，2025. -- ISBN 978-7-115
-66695-6

Ⅰ. X511-44

中国国家版本馆CIP数据核字第20257M88Q6号

内 容 提 要

　　碳中和是一个节能减排术语，也是一个由自然生态、社会经济、科学技术、生产制造以及人民生活相互交织而成的庞大体系。为了解答社会各界普遍关心的问题，本书以问答的形式，把碳中和的重点内容梳理成200个问题，涵盖五大主题：为何要实现碳中和；绿色低碳电力供应系统的建立；如何在能源消费端进行低碳化改造；怎样通过人为努力"管好"不得不排放的二氧化碳；实现碳中和的支撑保障体系。全书的章节安排层层递进，知识点环环相扣，对实现碳中和的逻辑体系、技术需求及具体方法做了深入浅出的讲解。

　　无论是政府工作人员，还是对碳中和感兴趣的其他读者，都可以通过本书深入了解碳中和这一全球性议题。

◆ 著　　　　中国科学院双碳项目咨询组

　　出版策划　蒋　伟

　　责任编辑　安　达

　　执行编辑　赵　轩　谢婷婷

　　责任印制　胡　南

◆ 人民邮电出版社出版发行　　北京市丰台区成寿寺路11号

　　邮编　100164　　电子邮件　315@ptpress.com.cn

　　网址　https://www.ptpress.com.cn

　　北京雅昌艺术印刷有限公司印刷

◆ 开本：880×1230　1/32　　　　插页：4

　　印张：10.25　　　　　　　　　2025年6月第1版

　　字数：189千字　　　　　　　　2025年6月北京第1次印刷

定价：69.80元

读者服务热线：(010)84084456-6009　印装质量热线：(010)81055316
反盗版热线：(010)81055315

序　言

国家确立"双碳"目标之后，中国科学院学部当即设立学部重大咨询项目，组织来自地学部、生命科学和医学学部、技术科学部、数学物理学部和化学部的约 100 位院士、专家，重点围绕"我国实现碳中和需要研发什么样的技术体系"这一主题，开展前瞻性系统研究。这个咨询项目由中国科学院分管学部工作的副院长高鸿钧院士、能源领域的专家张涛院士和我负责协调，来自各学部的一些院士，如刘中民、张锁江、江亿、方精云、于贵瑞等，以及一些资深专家，如孔力、王一波、张香平、李小春、魏伟、魏一鸣、曲建升、刘竹、刘毅、潘教峰等，都牵头负责一些具体的研究专题。

通过近一年的工作，项目组完成相关调查研究，并形成了一份内容覆盖面颇广的咨询报告，作为学部的成果由中国科学院党组呈报上级领导机关并发送给相关机构和实体。

因为这份报告的内容比较丰富，尤其是在实现碳中和的技术需求方面，罗列分析得较为全面，所以我们便认为有必要将其整理成一本专著出版，以满足研发人员、企业以及社会各界人士对碳中和知识的渴望。专著定名为《碳中和：逻辑体系与技术需求》，目前已由科学出版社出版（丁仲礼、张涛等著）。

上述专著是集体劳动的成果，尽管我们在目录、内容、体例等方面做了顶层设计，但由于具体章节的执笔人不同，难免在写作风格和内容介绍的深浅程度上有所不同。正因为如此，我认为有必要写一本"科普味更浓"的普及性读物。当时恰好人民邮电出版社的编辑找到我，说看到我做的一些电视访谈节目，认为我在"把复杂问题简单化表达"上有些特长，询问我是否愿意写一本大众科普读物，全面讲一讲"碳中和的故事"，交由人民邮电出版社出版。这也算机缘巧合，我便应承下来。

现在全社会都关注碳中和问题，谈论碳中和的专著、文章、论坛、讲座非常多，但实事求是地讲，碳中和的逻辑链条非常长，真正要把碳中和的"故事"讲全面、讲清楚，并不是一件容易的事。要让大众明白碳中和的相关知识，更得下一番功夫。对于这本科普读物，我将其定名为《碳中和200问》，把碳中和的逻辑体系和技术需求，加上用什么手段来促进碳中和这类"学问"，分解成200个具体问题，力争用直截了当的语言，明确回答这些问题。这样安排的目的是使对碳中和相关学问了解程度不同的读者都可以获得阅读方便感，就是说既可以通读，也可以选择性地阅读。

这本科普书是以我们学部咨询项目的研究成果为基础写作而成的。尽管我在学术研究生涯中写过一些论文和著作，但撰写科普读物还是生手。另外，本书的写作是在本职工作比较繁忙的情况下抽空完成的，加之自己对碳中和问题的了解不甚深入，因此成稿以后，我心里还是有些忐忑。殷切希望读者诸君不吝赐教。

国家能源局新能源和可再生能源司、内蒙古阿拉善发改委、《第四纪研究》编辑部、唐自华博士分别提供了多篇文字和图片材料，我的工作助手董欣欣同志承担了本书的文字录入和初步校对工作，人民邮电出版社的编辑从可读性角度对本书提出了大量修改建议。在此一并致以深深的谢意！

丁仲礼

2022 年 11 月

目　录

第一章　从人为碳排放到碳中和

第三章　能源消费端的低碳化

第四章　固碳领域

第五章　支撑保障体系

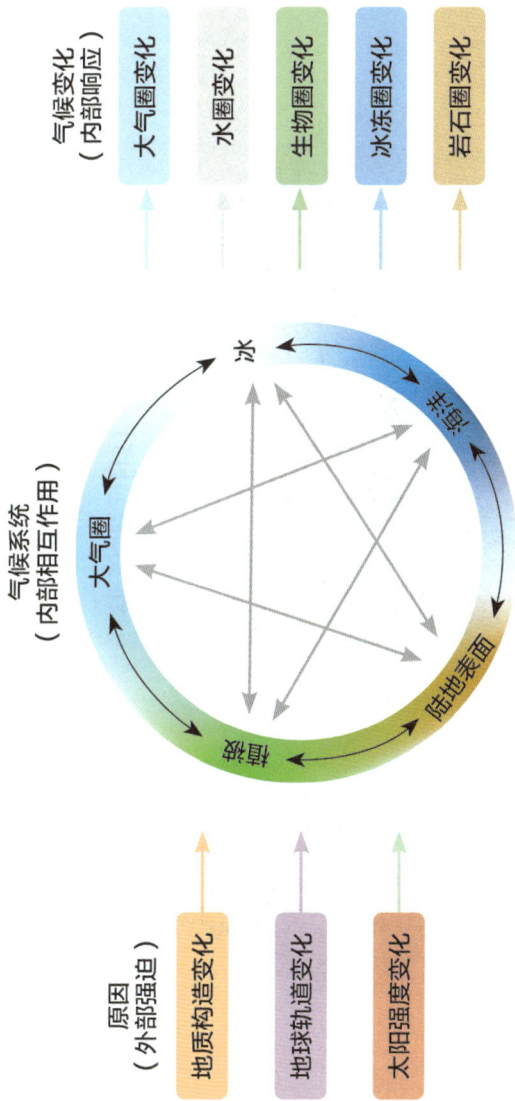

原因
（外部强迫）

地质构造变化

地球轨道变化

太阳强度变化

气候系统
（内部相互作用）

冰

海洋

陆地表面

生物

大气圈

气候变化
（内部响应）

大气圈变化

水圈变化

生物圈变化

冰冻圈变化

岩石圈变化

图 1-1 地球气候系统示意图

图 1-2　地球岩石圈板块构造运动示意图

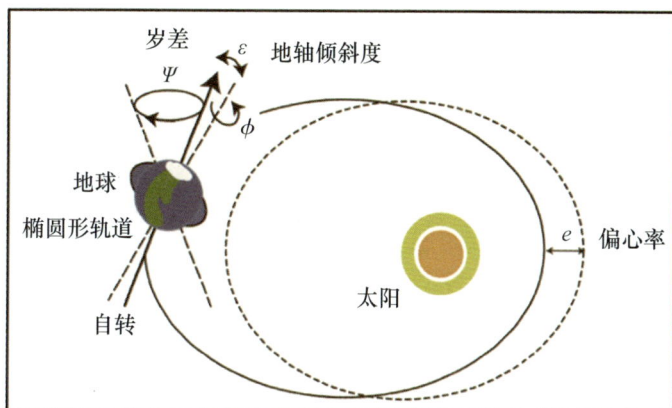

图 1-3　地球轨道示意图（图片来源：© 吴怀春等，2016。新生代米兰科维奇旋回与天文地质年代表。本书经授权使用）

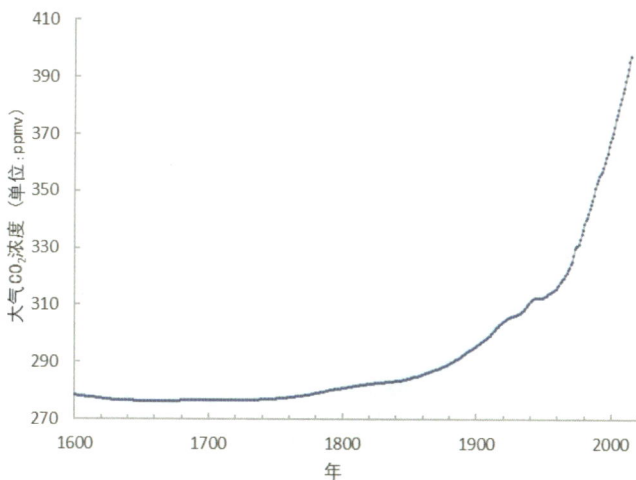

图 1-4　公元 1600 年以来的大气 CO_2 浓度变化

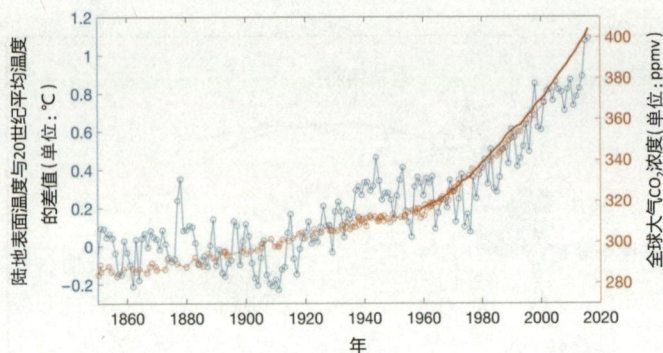

图 1-5　全球大气 CO_2 浓度和表面温度变化图（1850 ~ 2020 年）。连续曲线为全球大气 CO_2 浓度变化，波动性较大的曲线为表面温度与 20 世纪平均温度的差值

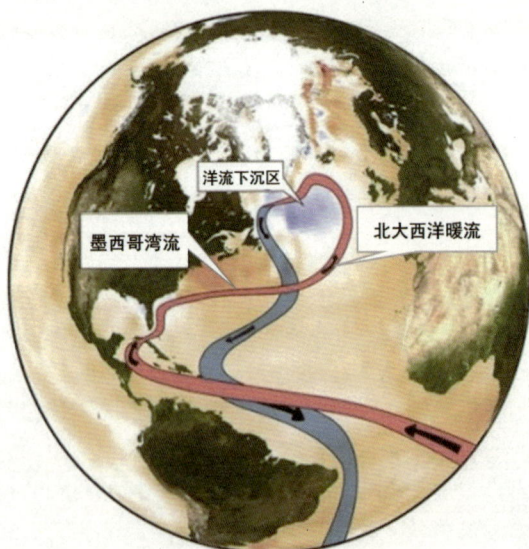

图 1-6　北大西洋暖流示意图

图 2-1　五凌电力阿拉善右旗光伏电站的太阳能电池板

图 2-2　中国能建哈密 50 兆瓦熔盐塔式光热发电站（图片来源：© 新华社记者高晗。本书经授权使用）

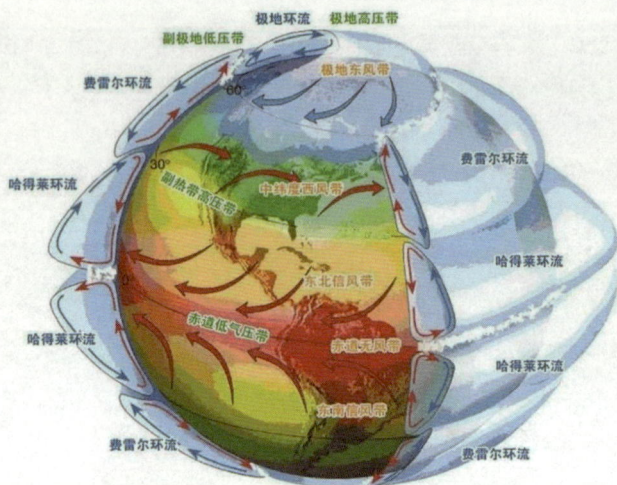

图 2-3　全球行星风系示意图

图 2-4　内蒙古哈纳斯阿拉善左旗贺兰山风力发电场

图 2-5　三峡大坝（图片来源：© 三峡集团西南分公司原总经理黄正平。本书经授权使用）

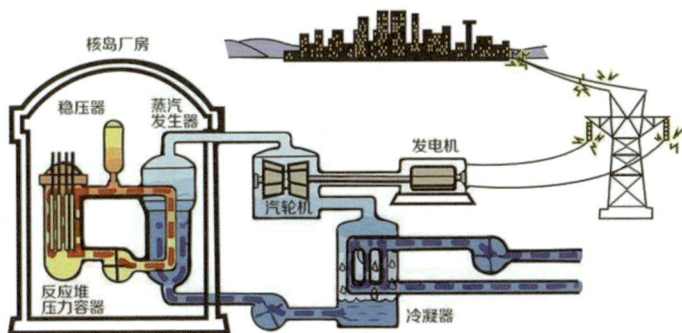

图 2-6　核电站发电原理示意图

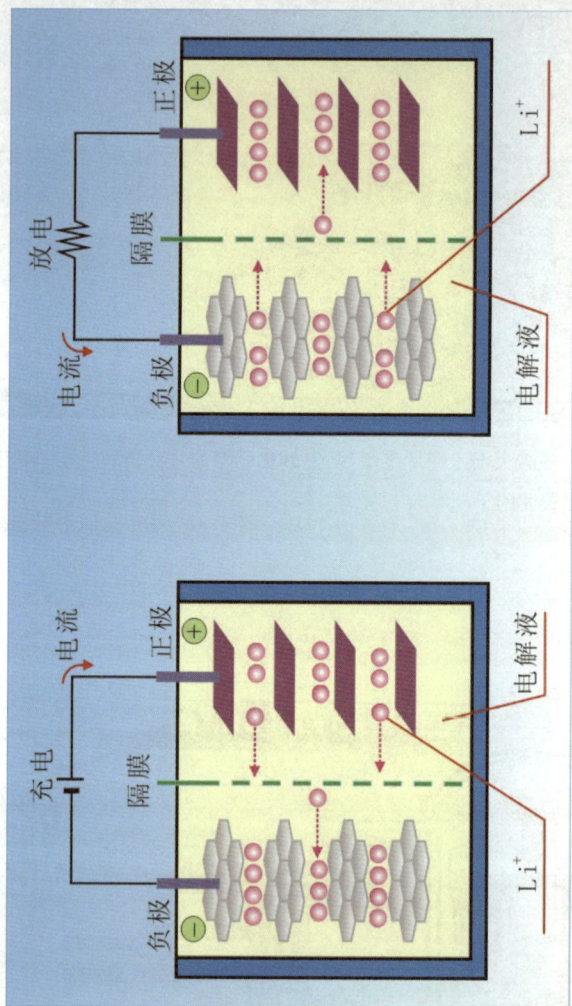

图2-7 锂离子电池工作原理示意图

01

从人为碳排放到碳中和

本章将回答为什么要实现碳中和目标这一核心问题。

碳中和可简单地理解为碳（主要是二氧化碳，即 CO_2）的净零排放。追求碳中和的主要考量是：工业革命以来，人类通过利用煤、石油、天然气这些化石能源，促使全球大气中的 CO_2 等温室气体的浓度较为快速地增加，导致全球气温升高，并由此带来一系列现实和潜在的问题，比如海平面升高导致河口三角洲等低地被淹没，进而威胁人类的可持续发展。在这样的认知下，国际上已基本形成共识：有必要在 21 世纪中叶实现净零碳排放。

实现净零碳排放的基本途径是构建一个以绿色低碳电力（绿电）为主的新型电力系统，同时以充裕的绿电替代目前生产消费活动中使用的化石能源，对"不得不排放"的那部分碳以各种方式（尤其是以生态建设的方式）固定下来。这就是碳中和的基本逻辑。

本章将回答 48 个具体问题，首先介绍温室效应和气候变暖，以及人为碳排放来源和能源转型，进而介绍经济社会发展过程中碳排放和能源利用的一般规律，最终介绍碳中和在逻辑上是一个"三端共同发力体系"。安排本章的目的是为在接下来的章节中介绍如何构建这样的"三端共同发力体系"，尤其是为列出未来的技术需求清单打下基础。

第一节 温室效应和碳循环

本节探讨 10 个问题，重点介绍温室气体的种类和温室效应的含义，从而帮助你建立起这样一个概念：碳中和的重中之重在于减少二氧化碳（CO_2）的人为排放量。在这样的基础上，我们进而介绍碳储存在地球上的形式和数量，以及碳如何从一个储库转移到另一个储库，尤其是引起大气 CO_2 浓度变化的主要过程。由此说明：工业革命以来，大气 CO_2 浓度增加的幅度非常之大。

本节还将简单介绍地球气候系统的概念，以期让你了解"地球气候系统由多个圈层组成"，并能跳出只会从天气预报理解气候变化这一局限。此外，本节也会简单介绍地质历史上不同时间尺度上的气候变化及其驱动因素，希望说明在有人类活动之前，气候变化并不总是由大气 CO_2 浓度变化造成的，而只有到工业革命之后，CO_2 才变成气候变化的"原初强迫因子"。

问题 1：大气中的温室气体主要有哪些？

温室气体是指大气中那些对来自太阳的短波辐射具有"透过作用"而对地球表面向外释放的长波辐射具有"吸收能力"的气体，主要有水汽（H_2O）、二氧化碳（CO_2）、甲烷（CH_4）、一氧化二氮（N_2O，又称氧化亚氮）、氯氟烃（CFCs）、臭氧（O_3）等。

地球的能量主要来自太阳。太阳主要通过短波辐射（紫外线和可见光波段）向地球输送能量，其中一部分被云、冰面等反射回太空，一部分被地球表面吸收，从而加热地表。这部分被地表吸收的能量又以长波辐射（红外波段）的形式向外释放，从而维持地表的能量平衡。

大气中的温室气体对向外释放的长波辐射有"截留"作用，从而使地表和低层大气得以加热。这个作用类似于给地表加盖了一层"棉被"，或类似于我们平常见到的用玻璃做的"温室花房"，因此被称为温室效应。

温室效应有两重性，即有好的一面和有可能造成危害的一面。根据能量平衡原理，如果地球大气中没有温室气体，那么地球表面的平均温度将会是 $-18℃$，而实际测量得到的值为 $15℃$，因而地球大气中的自然温室效应有 $33℃$。一方面，温室效应的存在，使地球成为生命演化及人类生存的乐园。另一方面，如果大气中的温室气体增加过快，地表的气温就会快速增高，自然环境也会快速改变，人类就有可能来不及适应新的环境，从而面临（至少对一部分地区）生存威胁。

问题 2：哪些温室气体需要人为控制其排放？

1997 年通过的《京都议定书》规定需要人为控制二氧化碳、甲烷、一氧化二氮、氢氟碳化合物（HFCs）、全氟碳化合物（PFCs）和六氟化硫（SF_6）这六种温室气体的排放，以达到防止地球快速暖化之目的。

对于二氧化碳、甲烷、一氧化二氮这三种温室气体，大家都很熟悉。它们既可以来自自然界本身，也可以来自人类活动。后三种化合物均为人工合成化合物，其中氢氟碳化合物是一种制冷剂，原本是为了保护大气臭氧层，用于替代过去的制冷剂氯氟烃，但使用后被发现具有强烈的温室效应；全氟碳化合物在纺织、润滑剂制造、电子制造、表面活性剂制造等领域有广泛应用，其除温室效应外，还有破坏大气臭氧层的害处；六氟化硫应用在电气设备、冶金、冷冻工业中，其温室效应也十分强烈。

前面讲到，水汽、氯氟烃、臭氧也是温室气体，但并没有被列入《京都议定书》中，其原因可以简单地理解为：氯氟烃已于 1987 年被《蒙特利尔议定书》禁止生产了，因为它会破坏大气臭氧层，当年为大家熟知的南极上空"臭氧洞"即由氯氟烃造成；臭氧和水汽具有很强的温室效应，但二者在大气中的浓度变化一来时空差异大，二来不易由人为控制，因此没有被列入六种需要人为控制排放的温室气体中。

问题 3：不同温室气体的温室效应差别大吗？

差别很大。

由于分子结构不同，温室气体吸收与保持热量的能力也不同。此外，这些气体被释放到大气中后，一般会同其他物质发生反应，从而或早或晚消失，也就是说，它们在大气中停留的时间有长有短。主要基于这两方面的因素，科学家用"全球增温潜势"来评价不同温室气体在 100 年时限内，相对于等质量二氧化碳的增温能力。可通过该值将不同温室气体的浓度统一换算为二氧化碳当量浓度，以 $CO_2(e)$ 来表示。括号中的 e 来自英文单词 equivalent 中的第一个字母，即表达"等量""等价"的意思。

设定 CO_2 的全球增温潜势为 1，那么 CH_4 的值为 29.8，即等质量 CH_4 在百年尺度上的增温能力为 CO_2 的 29.8 倍；N_2O 的值为 273，SF_6 的值为 23 000 左右，各类氢氟碳化合物和全氟碳化合物的全球增温潜势则分别是等质量 CO_2 的数百倍至数千倍。

尽管 CO_2 以外的温室气体具有强大的全球增温潜势，但它们在大气中的浓度非常低。比如目前 CO_2 的浓度约为 413ppmv［ppmv 代表百万分之一（体积浓度）］，CH_4 约为 1.9ppmv，N_2O 只有 0.33ppmv，SF_6 则只有 10pptv［pptv 代表万亿分之一（体积浓度）］，氢氟碳化合物和全氟碳化合物种类较多，但浓度均在 pptv 级。由此可见，人类控制 CO_2 和 CH_4 的排放（尤其是 CO_2 的排放）应该是"重中之重"。

问题 4：温室气体是控制气候变化的唯一因素吗？

我们将在问题 5 中了解地球气候系统的组成，以及气候系统在多种"外在强迫因子"的作用下如何做出响应。从中可以看出，影响气候变化的因素有多种。这里还需要进一步说明的是，在地球数十亿年的演化历史上，气候变化一直在进行，从未停止过，正所谓"变化是绝对的，不变是相对的"。这种变化的时间尺度、周期特征、幅度、速率等千差万别，因为引起这些变化的"外在强迫因子"也是多种多样的。

具体到温室气体，起主要作用的还是 CO_2 和 CH_4。在人类出现之前，温室气体浓度也会改变，从而在地质历史上的气候变化中起作用。举两个极端的例子，一个是所谓

"雪球事件"，即数亿年前，地球上曾出现过极端寒冷的时期，那个时期的地球表面几乎全被冰雪所覆盖；另一个是"温室时期"，在数千万年前，地球的南极和北极不但没有冰，还生长着热带植物和亚热带植物。一般认为，"雪球事件"时，地球大气中的温室气体含量很低，"温室时期"中，大气 CO_2 浓度是目前的数倍，表明温室气体在气候冷暖变化中起"正反馈"作用，尽管它们不一定是原初的"强迫因子"。

因此说，地球气候变化并不总是由温室气体浓度改变而造成的，但 CO_2、CH_4 等温室气体在地球气候演化历程中起着重要的反馈作用。

问题 5：地球气候系统如何工作？

地球气候系统由五大圈层组成：大气圈、水圈、生物圈、冰冻圈和岩石圈（见图 1–1）。这五大圈层既相对独立，又相互联系，也就是说，某一个圈层发生的变化将或多或少地影响其他圈层。比如说，岩石圈在地球板块运动过程中会不断地产生变化，在板块变化"推动"下，全球地貌格局的改变就会使大气环流和大洋环流格局发生改变；这个过程中出现的火山活动，就会将储存在地球深部的二氧化碳大量释放到大气圈中；像青藏高原这样巨大山体的隆升，就会使海陆高差增加，从而使陆地面积相对于海洋面积的比例有所增加；板块从高纬度漂移到低纬度，就会导致生物圈的光合作用在整体上增强。又比如，大气温室气体增加并导致升温后，总体上将促使海水表面蒸发量的增加和大气降水总量的增加，从而促使生物圈中的植被更加茂盛，地表岩石的风化作用也随之增强，由此把更多的碳从大气圈固定到生物圈和地球表面中。从这个角度理解，即使没有人类活动，地球的气候也是处在不断变化之中的。

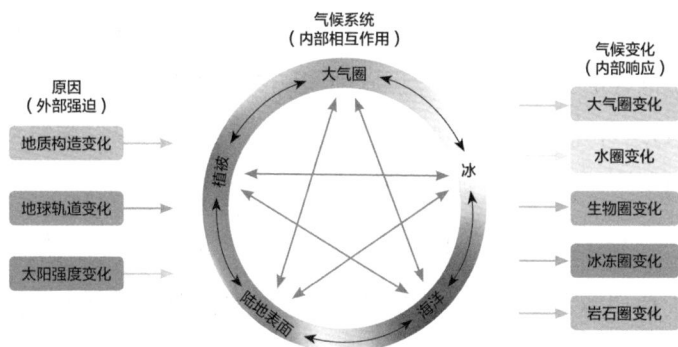

图1-1　地球气候系统示意图（见彩插）

我们不能将气候变化与日常见到的天气变化混为一谈。气候变化一般是指一个时期内气温、降水、风力等要素的平均状况发生改变。一些偶发性天气事件，即便是令人印象深刻的灾难性事件发生后，也不能以此推断气候变化造成的灾难性事件在增加，因为偶发性事件并不表明这样的事件已经成为或正在成为常态化事件。

了解气候变化，我们至少要理解三个关键词：强迫、响应、反馈。"强迫"可以理解为气候系统受到的外在因素作用。在地球历史上和现实中，有四类非常重要的"强迫因子"。一是地球岩石圈的构造过程，如前面提到的火山活动、板块漂移、山脉隆升等；二是地球本身运行轨道的改变，它可以造成到达地球大气圈顶层的太阳辐射量随纬度和季节发生改变；三是太阳本身辐射强度的改变，也就是说，太阳往外辐射的能量并非一个常数。以上三类"强迫因子"的变化往往是气候在长时间尺度上发生改变的控制因素。四是人为活动因素，比如人类砍伐森林，使土壤中储存的碳转变为 CO_2 释放到大气中，燃烧化石能源排放 CO_2，工业生产过程中向大气排放气溶胶颗粒等。第四个因子主要是人类文明的产物。

"响应"是指在上述四个外在因子变化作用下，气候系统被动地发生改变，比如升温后，降水的总量、分布、格局发生改变，以及山岳冰川、海冰、大陆冰盖、永久冻土组成的冰冻圈减小，海平面升高，生物圈中的植物地带性分布向北推移，等等。原则上讲，四个"外在强迫因子"一定程度上的改变总会导致气候系统做出响应。但在气候系统中，不同的子系统对"外在强迫因子"的响应有快有慢，比如气温升高后，海水蒸发量、降水量等易于做出快速响应，而海水（尤其是深层海水）的增温、大陆冰盖的融化则由于其热容量大，响应具有"滞后性"。也就是说，这些子系统的响应"时间常数"会明显不同。

"反馈"是指促使初始的强迫增强（正反馈）或减弱（负反馈）的那些过程。比如，太阳辐射到地球的能量减少，地表变冷，冰雪覆盖面积扩大，更多的冰雪将把更多的太阳辐射直接反射回太空，从而导致地表进一步变冷，这就是正反馈的例子。负反馈可以用化学风化来举例，如果火山作用释放大量 CO_2 到大气圈中，那么气温和降水总量将随之增高，由此导致地表岩石和土壤中的硅酸盐矿物加速风化并释放出大量的钙离子（Ca^{2+}），钙离子则同水体（主要是海洋）中溶解的 CO_2 结合形成碳酸钙（$CaCO_3$）沉淀，从而促使大气圈的 CO_2 浓度下降。

问题 6：碳在地球上以什么形式存在？

前面讲到，CO_2 和 CH_4 是同人类活动密切相关的最为重要的两种温室气体。由于这两种气体的主要成分是碳（C），因此减排温室气体几乎可等同地理解为减少碳排放，并从碳减排发展出"绿色低碳发展""碳达峰、碳中和"等概念。

碳是地球上一种广泛分布的元素，如果根据含量从高到低排列，它在所有元素中列第 17 位。

碳以不同形式存在于地球的各"碳库"中。碳库共有五个，我们一般用 GtC 来表示碳库中的碳含量，即以"10 亿吨碳"为基本单位。第一个是大气圈碳库，其中碳主要以气态 CO_2 和 CH_4 的形式存在，另外有少量 CO、HFCs 等气体。大气圈的碳总储量在 870GtC（8700 亿吨碳）左右。第二个是陆地生态系统碳库，这个碳库主要由地表植被（包括森林、灌木、草原、农作物等）、土壤（包括植物根系）和地表枯枝落叶层三大部分组成。地表植被的碳总储量为 450GtC ～ 650GtC，土壤的碳总储量为 1200GtC ～ 2100GtC，地表枯枝落叶层的碳总储量在 300GtC 左右，因此陆地生态系统碳库的碳总储量是大气圈碳库的 2 ～ 4 倍。第三个是海洋碳库，碳主要以溶解无机碳的形式存在于中层海水和深层海水中。海洋的碳总储量约为 38 000GtC，是大气圈碳库的几十倍。第四个是化石燃料碳库，也就是我们熟知的埋藏于地下的煤炭、石油、天然气。根据相关估计，地壳中以煤炭、石油、天然气形式存在的碳总储量为 5000GtC ～ 10 000GtC，是大气圈碳库的 5 ～ 11 倍。第五个是岩石圈（由地壳和上地幔顶部组成）碳库，碳既可以以气态，也可以以液态、固态形式存在于岩石圈中。大家熟知的石墨和金刚石即为固态碳。岩石圈储存了地球上最多的碳，但它同其他碳库的碳交换速率一般较慢。

问题 7：碳循环是一个什么样的概念？

地球处在不断运动之中，其中的物质可以从一种形态转变到另一种形态，大部分元素均能参与此运动，这常常统称为元素的地球化学循环。碳作为一种活跃的元素，自然可以经常性地从一个碳库转移到另一个碳库中，这可以粗略地理解为碳循环。

碳在不同碳库间的转移方式有很多种，这里仅举三个例子。第一个例子是植物的光合作用和呼吸作用。在生长季节，植物通过叶片的光合作用吸收大气中的 CO_2 而合成有机物质，同时通过植物 – 土壤的呼吸作用（通过土壤微生物和植物根系）向大气中释放 CO_2。据估计，这个过程的 CO_2 年通量在 120GtC 左右。相对于大气圈的碳总储量（约为 870GtC），这个通量是相当可观的。这是大气圈同生物圈进行碳交换的例子。

第二个例子是海水的溶解作用。如果大气 CO_2 浓度增高，那么就可以促使更多的 CO_2 气体溶解到表层海水中，并以碳酸氢根（HCO_3^-）、碳酸根（CO_3^{2-}）等不同形式存在于水体中。在海洋的下沉流区域，这些溶解碳可被带到海洋深处；同时，它还将促使海水表层的生物光合作用增加，从而将更多的溶解碳结合到生物体中。这是大气圈、水圈、生物圈、岩石圈之间碳交换的例子。

第三个例子是碳酸盐的沉积作用。我们在野外经常可以看到大片的石灰岩山体，它们的主要成分是 $CaCO_3$，是地质历史的产物，主要在海洋中沉积而成。海洋中的 CO_3^{2-} 主要来自大气中的 CO_2，Ca^{2+} 则来自陆地岩石的风化，即风化产生的 Ca^{2+} 被河流带到海洋中，从而在海水中形成 $CaCO_3$ 沉积。这是大气圈和水圈中的碳转移到岩石圈中的例子。

问题 8：大气圈中碳储量变化的主要控制因素是什么？

这是社会普遍关心的一个问题，因为目前大气圈中的碳含量在持续增高之中。

要回答这个问题，应该以工业革命为时间界限，分两个时间段分别作答。本书在后面将详细介绍工业革命以来大气 CO_2 浓度变化的历史及其人为原因。在这里仅指出：工业革命前，尤其是人类进入农业文明（距今约 1 万年）之前，大气圈中的 CO_2 和 CH_4 浓度变化主要由地球的自然过程所控制。比如火山喷发会释放大量的 CO_2 到大气中，地球上的深部温泉上涌、岩石圈断裂、地下煤矿自燃等，也都会释放 CO_2 进入大气。反过来，森林埋藏后转变为煤炭，湿地中的泥炭沉积，海洋、湖泊中的有机质转变为石油、天然气，这些过程则可理解为把大气中的 CO_2 "封存"到地下深处。可以这样说，自然变化状态下的碳循环过程和强度控制了大气圈碳储量的改变。在下一个问题中，我们将进一步介绍自然状态下的碳循环和气候变化之间的关系。

问题9：地质时期气候变化同大气 CO_2 浓度的关系如何？

古气候学研究者一般把地质时期的气候变化划分成三类时间尺度来分别描述：构造尺度、轨道尺度和亚轨道尺度。

顾名思义，构造尺度上的气候变化同地球岩石圈的板块构造运动（见图 1-2）相关联，可简单理解为主要由板块运动所驱动的气候变化。板块运动可导致地球的陆地和海洋处在不同组合（构型）中，以及山脉和高原处在不同的经纬度并具有不同的高度，由此促使不同时期的大气环流和大洋环流格局出现变化，并对全球热量的分配、降水的格局等造成改变，这些可简单地理解为"地理格局"改变所造成的气候变化。此外，板块活动的能量来自地球深部，地球深部积累的热量可产生岩浆活动，因此在板块的"分开区"即大洋中脊，还有板块的"消亡区"即俯冲带以及板块与板块的"汇合区"即碰撞带产生强烈的火山活动，火山活动会释放巨量的 CO_2 等气体到大气圈中，由此通过温室效应造成气候变化。构造尺度上的气候变化常常表现为时间尺度在几十万年级、百万年级、千万年级的缓慢变化，它的变化幅度如以气温计量，可高达十几甚至数十摄氏度。

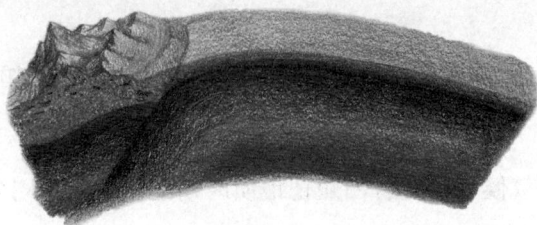

图 1-2　地球岩石圈板块构造运动示意图（见彩插）

　　轨道尺度上的气候变化的时间尺度在万年级、十万年级，并且具有较明显的周期性，它同地球轨道在太阳系中受到的重力扰动有因果关系。地球轨道（见图 1-3）参数主要有三个。一是偏心率，地球绕太阳公转的轨道呈椭圆形，太阳处在椭圆的一个焦点上，偏心率可直观地理解为地球公转轨道的椭圆化程度，当轨道为圆形时，偏心率即为 0；二是地轴倾斜度，地球自转轴是倾斜的，其倾斜程度会随时间发生周期性变动；三是岁差，这个变化的参数可直观想象为地球离太阳的最近点（近日点）和最远点（远日点）分别在一年中的哪个季节出现。这三个参数的组合性变化，虽不能改变到达地球大气圈顶层的太阳辐射总量，但可以使太阳辐射沿不同纬度或在不同季节发生较大改变，由此导致气候的周期性波动。这三个参数变化的主要周期分别为 10 万年、4.1 万年和 2.3 万年。来自深海、冰芯、黄土、湖泊的古气候变化记录表明，最近 200 多万年来，地球轨道尺度上的气候变化确实十分明显，地质上把它们称为冰期 – 间冰期变化。冰期（非专业人士常称其为冰河期）代表比现在要冷得多的时期。以最近的一次冰期（末次冰期）为例，当时全球气温要比现在低 5℃～ 6℃，北美、欧洲等高纬度地区出现的大陆冰盖厚达千米以上，其体量比目前的南极冰盖还要大得多，由此造成全球海平面下降了120 米左右。间冰期的气候则与今天类似。冰期 – 间冰期波动由天文因素驱动，CO_2 和 CH_4 的浓度变化只是"响应"，而不是"强迫"，但它们起到明显的"正反馈"作用。

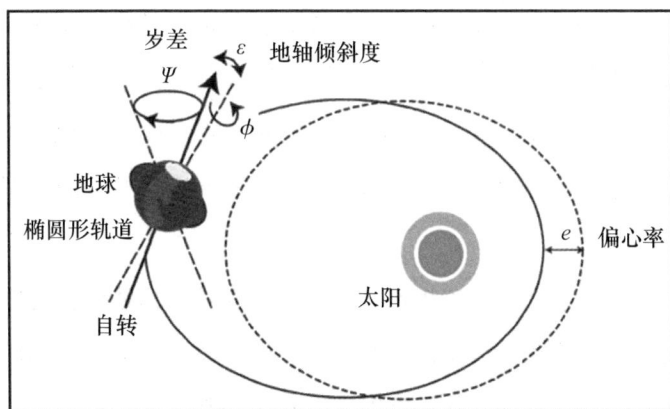

图 1-3　地球轨道示意图（见彩插。图片来源：© 吴怀春等，2016。新生代米兰科维奇旋回与天文地质年代表。本书经授权使用）

　　亚轨道尺度上的气候变化是千年级、百年级甚至几十年级气候变化或波动的统称。我们今天所处的间冰期，地质上称其为全新世，大致为 1 万年以来的时期。古气候学研究者利用冰芯、树轮、珊瑚、湖泊沉积、石笋、历史文献等资料，对这个时期的气候变化已经有了比较详细的了解。比如，末次冰期结束以后（约 1.1 万年前），气温开始上升，到距今约 6000 年前达到最温暖的时期，学术界以"全新世适宜期"称之。那时的海平面比现在高约两米，表明当时格陵兰冰盖和山脉冰川比目前要小一些，之后气温总体呈下降趋势。这样的趋势性变化可理解为全新世时期地球轨道的趋势性变化所造成的。但在这样的大趋势中，还有一些百年级、几十年级的波动，它们往往由气候系统内部的一些因素变动所造成，其气温变幅一般只有 0.2℃～ 0.3℃，并且在空间上没有很好的一致性。至于大气 CO_2 浓度，在工业革命之前的整个全新世，总体上保持在 280ppmv 左右。因此，全新世气候即使有变化，主控因素也应该不是温室气体，这与工业革命以后的情况完全不同。

工业革命以机器生产为标志。机器运转需要能量密度大的新的能源，传统的风车、水车、牛车甚至人力已不能满足需求。由此，化石燃料开始在能源舞台上唱主角，从而利用漫长的地质历史上储存在地下的碳，形成 CO_2 气体不断排放到大气中，成为促使大气 CO_2 浓度增高和全球气候变化的主要因素。

问题 10：如何知道地质时期的大气 CO_2 浓度呢？

80 万年前的记录靠"推测"，80 万年以来可"测量"。

推测主要靠化石特征、同位素等地球化学指标。比如植物化石的叶片气孔分布同大气 CO_2 分压（浓度）有关，详细研究不同时期、不同区域的叶片化石，在建立理论模型的基础上，可"推测"出植物生长时期的大气 CO_2 浓度。

80 万年以来的南极冰盖中"封存"了不同时段的古大气，这同降雪逐年积累并转化为冰从而使少量古大气封存在冰晶体气泡中这一过程有关。在南极的冰原上打钻取芯，通过各种手段确定冰样品的年代，再把古大气提取出来，就可以测量出当时大气中的 CO_2、CH_4、N_2O 等气体的浓度。

南极冰芯中 80 万年来的记录表明，过去 80 万年间，大气 CO_2 浓度基本在 160ppmv 和 280ppmv 之间波动，CH_4 浓度在 0.3ppmv 和 0.8ppmv 之间波动。目前大气 CO_2 浓度已达到 413ppmv，CH_4 浓度接近 1.9ppmv。所以说，工业革命以来，人为排放的 CO_2 量是巨大的。

第二节　人为碳排放和全球增温

本节探讨 18 个问题，着重介绍自工业革命（约于 18 世纪 60 年代开始）至今的 200 多年中，全球大气 CO_2 浓度正在较快增高的事实，同时介绍增温给人类社会带来的潜在威胁，由此说明实现碳中和目标的必要性。此外，本节特别设计了一个问题，专门介绍巨量温室气体释放所导致的灾难性地质事件。

问题 11：工业革命以来的 CO_2 排放主要来自化石能源吗？

基本上是这样的。

在工业革命之前，人类也有"机器"，比如风车、水车、水磨等，但它们利用的是风力、水力等自然力或畜力甚至人力，并不排放 CO_2；那时也有冶炼工业，如炼钢、炼铁、炼铜等，但主要依靠的是树木烧制成的木炭；人们在日常生活中的烤火取暖、生火做饭用的是柴薪、作物秸秆等。树木、柴薪、秸秆都是通过植物光合作用固碳形成的，燃烧后释放等量的 CO_2 回归大气，故基本不影响大气

CO_2 浓度。

工业革命以来，煤炭成为工业的"粮食"，其后石油和天然气又得到大量的应用，并且随着工业化、电气化、城市化的发展以及全球人口的增加，人类对能源的需求也越来越大，煤炭、石油、天然气的消耗量也随之增高。尽管人类较早利用水力发电，水电并不排放 CO_2，但全球范围内的水电在总电力中的占比并不高，因为资源量有限。同样，核电不排放 CO_2，但核电站一旦出现事故，将造成重大安全问题和生态灾难，加之核废料的处理又是让人头痛之事，故全球核电占比也不高。至于其他非碳能源，如风能、太阳能、地热能、生物质能、海洋能等，只在近些年才开始利用，远没有达到主力能源的地步。因此，煤炭、石油、天然气一直作为人类的主力能源，并且其主力地位有可能还会持续一个不短的时期。

煤炭、石油、天然气均是地质历史的产物。利用它们作为能源，等于是把地质历史时期封存的碳重新释放出来，这就不可避免地导致大气 CO_2 浓度的增高。

除化石能源利用这一来源外，人类长期以来砍伐森林、养殖畜禽等活动也会释放 CO_2 进入大气，这个过程一般称为土地利用变化导致的碳排放。你可大致形成这样的概念：在目前全球的碳排放中，化石能源利用贡献了约86%，土地利用变化贡献了约14%。

问题 12：化石能源的碳排放量如何核算？

核算碳排放量是一个比较复杂的问题，涉及国家、地区、实体、产品等不同层面的排放计量问题。

对一个国家或一个大的地区（比如一省）来说，一年之内消耗的煤炭、石油、天然气总量是易于统计的。煤炭有不同的品质，简单地说，释放同样的热量，由于煤炭中含有的 C、H、O 等元素的量不同，最终排放的 CO_2 量会有所不同，而不同品质的石油或天然气间的排放差别要小得多。因此，确定不同煤炭的 CO_2"排放系数"（亦称"排放因子"）这一核心参数后，就可以计算出一国、一区域煤炭利用过程中的碳排放量，石油和天然气的碳排放量核算也遵循同样的方式。把三者相加，即可统计出碳排放总量。

煤炭、石油、天然气三者成分不同。在释放相同热量的条件下，煤炭排放的 CO_2 最多，天然气排放的最少，三者的比例大概是 1：0.8：0.6。正因为如此，不少人把天然气视作相对"清洁"的能源。

理论上说，不少国家的电力是有进出口的，对一个地区来说，向外送电或进口电力更是日常操作。因此，在计算一个区域的碳排放量时，必须把碳的"进出口"计算进去。从这样的思路出发，一个实体（比如一家工厂）的碳排放量也是不难计算的。

比较难核算的是某一具体产品，因为它会涉及许多环节，比如原料的开采、冶炼，原料向工厂的运输，工厂在加工产品时把不同来源的原料、零件加工组装，再有就是产品的存储、发货等。因为环节多而复杂，甚至边界不易界定，所以核算具体产品的碳排放量是一项颇有挑战性的工作。

问题 13：技术进步对碳排放影响大吗？

生产同样的产品，技术进步了，碳排放量就会实质性地下降。

我们知道，火力发电一般用化石燃料燃烧产生的热能来加热水，使水成为高温高压的水蒸气，再用水蒸气推动汽轮机带动发电机来发电。根据锅炉内水蒸气的温度、压力之不同，燃煤机组有亚临界、临界、超临界、超超临界之区别。超超临界代表了目前世界上最先进的火力发电水平，同样发 1 度电，它耗煤低于 270 克，相对于亚临界机组至少可节约用煤 15%，由此也相应减少了碳排放。

同样的例子在钢铁、有色金属、交通、建筑等领域比比皆是，这就是世界各国都重视技术进步的原因之一。

我们在上一个问题中说过，产生同样的热量，用天然气比用煤炭要少排放 CO_2 达 40%，这说明用燃气发电技术代替燃煤发电技术，也可以在碳中和上发挥重要作用。

问题 14：人为排放的 CO_2 都累积在大气中吗？

不是的。工业革命以来，人为排放的 CO_2 至多一半留在大气中。

先要说明一下：尽管我们有理由相信，人类活动促使大气 CO_2 浓度增高应该有 200 多年的历史了，但真正用仪器测量大气 CO_2 浓度并进行连续精确记录还只有 60 多年。因此，60 多年之前的大气 CO_2 浓度只有靠冰岩芯记录的结果来"替代"，这难免有一定的误差。

以 2010 ~ 2019 年为例，这十年之间，全球人为排放量为平均每年约 400 亿吨 CO_2，其中 86% 来自化石能源利用，14% 来自土地利用变化。测量的结果表明，这些 CO_2 中约有 46% 留存在大气中，其他的 54% 被海洋和陆地吸收了。要精确给出具体有多少被哪一个系统吸收了，其实是十分困难的事，但科学家还是根据各种观测数据和理论模型，得出海洋和陆地的吸收比例分别约为 23% 和 31% 的结论。

陆地的吸收作用主要来自森林生态系统，包括地上部分和地下部分等，这应该归功于人类这些年重视保护生态。颇具讽刺意味的是，由于人类用上了天然气和煤炭，不再需要砍伐柴薪，因此尽管产生 CO_2 的人为排放，但生态系统的固碳作用也随之大增；此外，大气 CO_2 浓度增高，温度和降水总量也随之增高，这些过程反过来又有利于增强植物的光合作用。

海洋的吸收作用主要是两大块：一是大气 CO_2 浓度的增高促使表层海水对 CO_2 的溶解能力增强；二是表层海水的光合作用增强，把一部分无机碳转换为有机碳。

问题 15：大气 CO_2 浓度增高历史有什么特点？

图 1-4 展示了公元 1600 年以来的大气 CO_2 浓度变化。在这条曲线中，1958 年之前的数据来自冰岩芯样品的古大气测定结果，1958 年以来的数据则来自对大气采样后的直接测量。从中可以看出，1900 年前后，尽管工业化已开始约 150 年，但那时只有少数国家开始工业化，大气 CO_2 浓度仅从 280ppmv 这个背景值上升了十几 ppmv 而已。这部分上升被认为主要来自对森林的砍伐、农业的耕作以及早期工业生产中的木炭使用，化石能源燃烧的贡献量并不大，美国东部的开发所导致的森林破坏是其中的一个特别重要的因素。

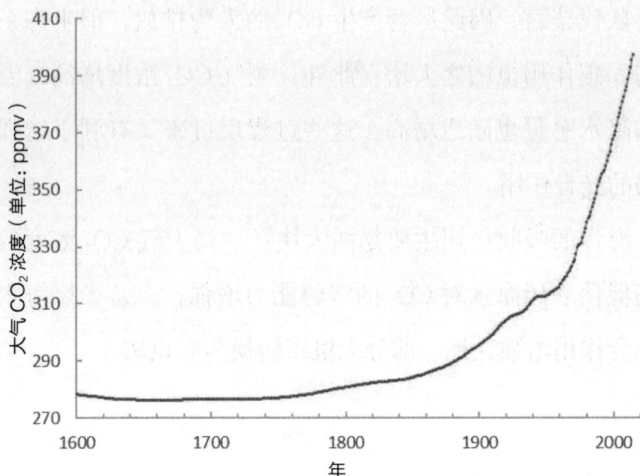

图 1-4　公元 1600 年以来的大气 CO_2 浓度变化（见彩插）

1900 年之后，工业化扩张进度加快，因此大气 CO_2 浓度曲线陡然上升。这个上升趋势先是由大量使用煤炭造成的，然后大量使用石油和天然气的因素加入其中。目前，石油和煤炭的排放贡献量各为三分之一强，天然气的排放贡献量为三分之一弱。

问题 16：全球增温与大气 CO_2 浓度升高步调一致吗？

图 1-5 把全球表面温度变化曲线同大气 CO_2 浓度曲线放在一起作比较。从图中我们可以看到一致的方面，即两者有共同的增高趋势性。有专家估计，1850～1900 年的气温平均

值与 2010～2019 年的平均值相比，全球平均气温增高了 1℃
左右。这个增温变化有几个特点：一是陆地的增温幅度要大
于海洋；二是高纬度地区的增温幅度要大于低纬度地区；三
是高海拔地区的增温幅度要大于低海拔地区；四是地球表面
增温具有空间一致性，即与全新世时期的某些增温事件不同，
那些事件往往不具有空间一致性，即表现为一些区域升温，
另一些区域反而降温。正因为有这些特点，把全球趋势性的
增温归因于大气 CO_2 浓度升高，应该是完全站得住脚的。

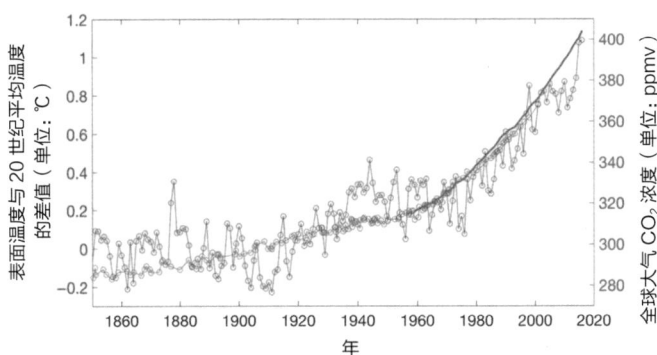

图 1-5　全球大气 CO_2 浓度和表面温度变化图 (1850～2020 年)。连
　　　续曲线为全球大气 CO_2 浓度变化，波动性较大的曲线为表面
　　　温度与 20 世纪平均温度的差值（见彩插）

　　所谓不一致的地方，主要表现为全球表面温度变化曲
线同大气 CO_2 浓度曲线不一样，前者具有"波动性"，而
后者则基本上呈线性增高。这表明，二者并没有严格的统
计相关性。比如全球表面温度变化曲线从 1850 年前后开始

升高，20 世纪三四十年代出现一个高峰，而后曲线下降，到 20 世纪 70 年代又开始快速升高，而 1998 ～ 2010 年间则又呈现为一个"平台"。对这个现象，比较合理的解释是影响气候系统变化的 CO_2 之外的一些外部因素，以及一些系统内部因素本身所具有的"波动性"，还在继续发挥作用。也就是说，100 多年来的升温趋势可归结于大气 CO_2 浓度的增高，而一些具有波动性特征的"强迫"因素的作用，还可叠加在这个趋势之上。

问题 17：能定量评估升温与温室气体之间的关系吗？

尽管目前我们已有约 100 年的气温曲线和 CO_2 / CH_4 曲线，但要定量评估升温与温室气体的关系还是有很大困难。

科学上评估这个关系可基于两条途径：一是用理论模式来计算；二是基于历史数据的比较。理论上的计算一般用的是气候系统数值模式，这类模式的物理基础是能量平衡原理和物质平衡原理。把气候系统在三维空间中分成很多格子，每个格子都会同周边格子产生物质交换和能量交换，再把相关过程用数理方程表达出来，把气候系统耦合在一起后形成庞大的方程群，方程中的一些必要的参数则通过各种观察和实验获得。当把大气 CO_2 浓度从 280ppmv 增加到 560ppmv 时，通过超级计算机的计算，不同模式的输出结果有较大差别，但平均值为3℃。因此，"温室气体浓度倍增后，全球平均气温将增高3℃"成为许多科学家所接受的"预估结果"。

这个说法被称为"气温对CO_2的敏感性"。进一步分析这3℃的具体来源，流行的观点是：大气CO_2浓度倍增后，直接辐射效应将产生1.2℃的增温；增温后，冰雪覆盖面积将缩小，反射太阳辐射的能力也将随之减弱，此过程会产生0.6℃的"正反馈"增温；此外，增温后，海水等水分蒸发增加，水蒸气产生的温室效应将达到1.2℃。三者之和即为3℃。

再来比较历史记录。我们知道大气CO_2浓度已从280ppmv增加到413ppmv左右，CH_4浓度从0.8ppmv增加了约1ppmv，相当于10ppmv的CO_2，再加上N_2O等其他温室气体，最保守的估计是CO_2当量浓度已增加了170ppmv，是280ppmv的60%左右，而温度只升高了1℃左右，仅是预估值3℃的1/3。

因此说，定量关系并不确定，这也体现了大家经常听到的"气候变化原因的不确定性"。

问题18：理论预估与历史比较谁更可靠？

就科学研究的方法论而言，理论上的假说必须经过实验或历史资料的检验，及做出一定的修正和完善后，才可以逐步发展为理论并用于对未来的预测。但这样的假说－检验－修正－预测模式似乎在气候变化研究上还行不通。

"行不通"的第一个原因来自所谓"气溶胶致冷效应"。我们知道，在工业、农业、交通、生活等领域，都会产生细小的颗粒或气体排放物，它们在大气中通过各种反应形成气溶胶颗粒，我们非常熟悉的雾霾即由气溶胶生成。气溶胶会反射太阳光，好似给地表打了一把凉伞。气溶胶在自然过程和人为活动过程中均会产生，其整体上起到致冷作用，但目前不清楚其致冷程度有多大，一些科学家甚至估计可高达 $-1℃$。如果正是如此，那么历史比较与理论预估是一致的，即 $3℃$ 的敏感性是成立的。真是那样的话，我们将面临一个悖论，即消除雾霾将带来增温！但气溶胶在空间上分布得很有限，从记录上看，气溶胶高分布区的气温并没有比其周边地区更低，故"气溶胶产生 $1℃$ 致冷"的估计并没有被广泛接受。

"行不通"的第二个原因是水汽产生的云。云有可能大量反射太阳辐射，因此水汽的正反馈作用也可能被云的负反馈作用抵消了一部分。如果这个观点成立，则理论预估可能偏高了。

"行不通"的第三个原因是"平衡问题"。理论计算的结果来自平衡状态，而当前的气候系统在 CO_2 持续排放下，远没有达到平衡。比如，表层海水溶解的 CO_2 和吸收的热量应该同深层海水相混合，但这样的混合常常需要千年级的时间跨度！

"敏感度"到底是多少，这是一个非常核心的问题，因为它涉及在控制"2℃温升"的目标下，人类社会还可以排放多少温室气体这一"要命"的问题！

问题 19：升温导致了气候系统的哪些变化？

变化还是明显的，这里概述一些主要的变化。

冰冻圈的变化体现在山岳冰川随着升温而在大多数高山区出现收缩现象，北冰洋的海冰面积相比过去也有大面积缩小，还有冻土层在融化、面积在缩小。

大气圈的变化体现在气温和降水格局变化上。有的区域降水量增加了，有的地方减少了；中高纬度地区的冬半年时间变短了，夏半年时间拉长了；不少地区夏季的"热浪"无论是强度还是频率，都有增加趋势；低纬热带地区的灾害性天气系统（如台风和飓风）似乎有增加趋势。

生物圈的变化体现在 CO_2 的"施肥作用"和降水量整体增加的背景下，全球整体生物产率有较大增长，这同我们前面介绍过的生态系统固碳量在增高是一致的；此外，物候如树木发芽、开花的时间节点也在提前。

水圈的变化最主要体现在近百年海平面有约 20 厘米的

上升，这同山岳冰川融化、河流径流量增加有关，也同增温背景下的海水热膨胀有关。

增温对岩石圈的影响目前还觉察不到。

问题 20：升温的潜在威胁有哪些？

首先是海平面上升，淹没河口三角洲地区和沿海低地，一些小岛国甚至担心举国被淹。这是因为气温持续上升后，格陵兰冰盖将进入融化状态，冰盖产生的淡水将汇入海洋，由此导致海平面升高。根据格陵兰冰盖的体积，如果其全部融化，将会导致海平面上升6米左右。如真出现这样的情况，全球至少有数亿人口将失去家园。

其次是降雨带可能发生迁移，一些地区有可能变得更为干旱，还有一些地区则会面临洪涝增加的风险，由此影响这些地区的农业生产和居民生活。但过去一时流行的所谓"干旱区将越发干旱、湿润区将更为湿润"的预言，目前看还缺乏证据证明其真实性。

还有不少科学家担心极端天气事件增加，这方面已被大众媒体广为宣传。从理论上讲，气温增高，一些地区的热浪事件有所增加，这应该是容易理解的，但增温往往表现在冬季变短，冬天温度上升明显，夏天的高温天气增加相对没有那么明显，因此目前还不能说全球性热浪频发将成为新常态。由于高纬度地区的增温幅度大于低纬度地区，这样一来，大气的水平压力梯度将变得平缓，至少像寒潮这类极端天气会大大减少。当然，应该可以想象，增温导致低纬大气热结构更不稳定，从而使热带极端天气事件增加或增强。

关于变暖潜在威胁的"预言"有很多，比如热带传染病将北上，敏感地区的生态系统将崩溃，甚至军事冲突因变暖而增加，等等。这些"预言"在文献和媒体中传播较广。一段时间以来，国际上讨论变暖的严重威胁，甚至做出"世界末日"般的预言，已成风尚。但科学预测需要"实证"，而证据似乎还要"等待"。

问题 21："北大西洋暖流将中断"是潜在威胁吗？

北大西洋暖流是墨西哥湾流的延续，它的作用是将低纬海洋的热量带到大西洋北部，从而使欧洲的气候保持温暖湿润。同其两侧的美洲和亚洲比较，欧洲同纬度地区的气温要高出 15℃～20℃，从而使欧洲的北极圈内还有很好的森林生长。正因为如此，北大西洋暖流是维持欧洲舒适环境的前提条件。但在 11 000 多年前，北大西洋暖流曾"中断"过，其中断过程可简单地这样理解：那个时段是从冰期开始向间冰期过渡的增暖时期，增暖使当时北美和欧洲的大陆冰盖迅速融化，从而使巨量的淡水输入北大西洋。淡水比海水密度低，不能沉入海洋深部。北大西洋暖流保持工作状态的一个前提是从低纬带来的巨量水流必须再回到低纬，唯有这样，物质和能量才能循环起来。正常情况下，北大西洋暖流北端部分由于沿途的蒸发作用，使其表层水盐度增加、密度变大而下沉，下沉后作为底层流又从北向南流出（见图1-6）。而冰盖融水的大量加入使表层水密度变低而不能下沉，因而出现北大西洋暖流中断这样的灾难性事件。

图1-6 北大西洋暖流示意图（见彩插）

一部分科学家（尤其是来自欧洲的科学家）担心，正在进程之中的全球增温如达到使格陵兰冰盖融化的程度，则北大西洋暖流有中断的潜在风险。控制全球变暖的声音一直是欧洲最大，防止其生存家园的环境恶化应该是一个重要原因，这同小岛国担心被淹没而积极推动全球 CO_2 减排的道理是一样的。

问题 22：控制 2℃ 温升的依据是什么？

2009 年，在哥本哈根气候变化大会上，国际谈判的主要议案有两条：一是 21 世纪把增温在工业革命前的基础上控制在 2℃ 之内；二是把大气 CO_2 当量浓度控制在 450ppmv CO_2(e) 之内。当时定的 450ppmv CO_2(e) 是非常"激进"的，事实上是做不到的，因而一些发展中大国以"缺乏科学依据"为由，不同意将 2℃ 温升与 450ppmv CO_2(e) 挂钩，因此只通过了 2℃ 控温议案。十多年过去了，大气 CO_2 当量浓度已经明显超过 450ppmv CO_2(e)，但增温目前还只在 1℃ 左右，这说明当时那些发展中大国的坚持是完全正确的。

为什么各国会赞同把温升控制在 2℃ 之内呢？这是因为需要把格陵兰冰盖的融化作为首要考虑因素。迄今为止的变暖在北极地区表现得很明显，其增温幅度是中低纬度地区的两倍，为此表现出北冰洋的海冰在夏季有较大面积的减少。进一步增温，海冰还会变少。如果海冰消失，那么每年冰雪积累与消融的"平衡线"就会推进到格陵兰陆地上面，这将促使该大陆冰盖出现消融，从而导致海平面上升。海平面较大幅度上升所带来的风险和代价将是巨大的，这就是各国同意控制2℃温升的核心考量或依据。

但是，一些欧洲国家和小岛国认为2℃温升仍有风险，因而坚持控温1.5℃的目标，这个建议在后来的巴黎气候变化大会上得到重视。因此，各国同意在控制2℃温升这样的刚性目标之外，又加上了"尽可能把增温控制在1.5℃之内"这样比较柔性的目标。

问题 23：南极冰盖有融化的风险吗？

前面谈到，控制2℃温升的最大考量是防止格陵兰冰盖出现融化。南极冰盖也是大陆冰盖，并且体量更大，南极冰盖如果全部消融的话，可把全球海平面抬升60米。难道我们不必担心南极冰盖融化吗？

要理解这个问题，故事还得从南极冰盖和格陵兰冰盖是在什么样的气候背景下形成的讲起。我们现在所处的地质年代叫新生代，它从约6500万年前算起。地质学界的主流观点是，约6500万年前，有一颗巨大的小行星撞击地球，从而导致当时地球上占统治地位的恐龙家族灭绝，哺乳动物开始登上地球的舞台。从 6500 万年前到 2000 多万年前，整个地球处在"温室时期"，气温非常高，南北两极均没有冰川覆盖，当然海平面也比目前高得多。高温高湿气候背景下，陆地上出现强烈的岩石风化现象，海洋中出现大量 $CaCO_3$ 沉积，因而 CO_2 不断被消耗，大气 CO_2 浓度出现下降（当时大气 CO_2 浓度至少在 1000ppmv 以上），气温也随之下降。因而在 2000 多万年前，南极开始出现冰川，并慢慢发展成覆盖整个大陆的大冰盖。随着大气 CO_2 的进一步消耗，气温也进一步下降。大约在 260 万年前，格陵兰也出现冰盖，由此之后，全球进入冰期 – 间冰期波动的时代，即第四纪地质时期。也就是说，全球气候在新生代经历了阶段性变冷过程，大致在平均气温比目前高5℃～6℃时，南极出现冰盖，在比现在气温高 2℃～3℃时，格陵兰出现冰盖。这是新生代气候总体变化历史。在第四纪冰期 – 间冰期气候波动时期，冰期期间全球陆地冰量进一步扩大，比如大约两万年前，我们称之为末次冰盛期。当时全球气温比目前低 5℃～6℃，北美和欧洲的高纬度地区都被大冰盖所覆盖。

这样我们就可以理解了，现在的平均气温比两万年前高约 5℃～6℃，所以北美和欧洲的大陆冰盖在距今约 1 万年前的增温历程中已经基本消失，仅留下了格陵兰冰盖；如果在今天的基础上再增温 2℃～3℃，格陵兰冰盖也将逐渐消失；如果再继续增温，则南极冰盖也会出现消融。今天的气温还远没到能促使南极冰盖出现消融的程度，因而南极冰盖整体上不会变小。尽管我们不时从媒体报道中甚至学术刊物上看到南极冰盖处在消融危险中的说法，但从南极冰盖的形成背景分析，我们其实完全可以对此淡然处之。

问题 24：地质历史或人类历史上的增温期不适宜生存吗？

从地质历史上看，增温期有很多，持续的温暖期也有很多。严格地说，我们现在所处的地质年代（新生代）的6500万年中，极大部分时期比现在气温高，比如距今5000万年前后，全球平均气温比目前高10℃左右。稳定的高温期对生物的演进并不会产生多大害处，但快速的增温将是个问题，它会使地球的生态系统来不及调整和适应新的环境而出现灾变性事件，这样的事件在地质历史上也是不乏先例的（见问题25）。

人类进入农业文明的1万年中，地球也有气温比目前高的时期，比如我国的仰韶文化、红山文化、马家窑文化等彩陶文化均产生在目前相对干旱的北方地区，但当时（距今约6000～5000年前）那里的气候条件比现在要温暖湿润得多，从而可以支撑起文明的进步。即使进入有文字的文明时期后，我们从历史记录上也可以推测，许多王朝的强盛时期往往是在气候温暖湿润的时期。这一点非常易于理解：气候越温暖湿润，越有利于农业生产，越有利于养活众多人口。相反，我国历史上的寒冷期，都是社会较为动荡的时期。对于这一点，我国老一辈学者从20世纪三四十年代起，就有明确认知。

为此，全球科学家一直把"适应气候变化"作为应对气候变化的重要研究内容。这是因为大家理性地认识到，碳排放不可能很快得到减少，相当多的国家还没有完成工业化，对能源的需求还会增长，用非碳能源取代化石能源将是一个较为长期的过程。但目前气候变化的一些命题已被一些用心复杂的政治家高度政治化，"适应气候变化"的呼声并没有得到足够的强调和重视。

问题25：地质时期极端快速增温事件具有何种特征？

以P/E增温事件为例对此进行说明。

在气候学研究者中，这个事件非常著名。这里的P是Paleocene（地质上称为古新世）的缩写，E是Eocene（地质上称为始新世）的缩写。这个事件发生在古新世向始新世过渡的时期，年代在距今约5500万年前，是一个极端增温事件，为此其全称是古新世/始新世界线的全球增温事件。

这个事件持续了大约 15 万年，其最大特征是储存在海底的巨量甲烷被快速释放到大气中，从而导致气候快速变暖，变暖后的海表热量被传导到海底，导致甲烷的进一步释放，这样的正反馈作用使地球在 1 万年左右的时间长度内，增温达到 10℃左右，由此引起生态系统的一系列灾难性变化。进入大气的巨量甲烷在其后的十几万年时间里才逐步被消耗完，气候系统也随之恢复到大致如事件发生之前的状态。

在大陆坡海水深度 800 米～ 1200 米的这个区域，由于温度、压力、氧化－还原条件等因素的适宜性，来自大陆和海洋本身的有机质，在微生物的作用下，可转变为甲烷。这些甲烷储存在海洋松散沉积物的孔隙之中，并且以固态的天然气水合物的形式保存在沉积物中。由于天然气水合物遇火即燃，又有冰晶的外形，故俗称"可燃冰"。这种天然气水合物在全球海洋中储量非常大，相比煤炭和石油又更为"清洁"，故有些专家将其视为全球下一代清洁能源，并试图对其做规模化开采。

可以想见，尽管地质时期的各种条件与现在不同，但形成这类天然气水合物总会具备适宜环境，即各个地质时期都应该有相当多的"可燃冰"储量。除海底以外，永久冻土区也有大量天然气水合物分布。由于甲烷的增温潜势是等质量二氧化碳的 29.8 倍，因此天然气水合物中的甲烷一旦被大量释放，地球的增温幅度可想而知。

P/E 增温事件是由海洋释放巨量甲烷造成的，这个结论是通过测定当时碳酸盐沉积物中的碳同位素值所给出的。不同学者在全球多个地区的地质剖面中进行测量后，发现各地结果非常一致。因为甲烷的碳同位素值非常负，故确定其来源相对容易。但迄今没有解决的问题是：谁"触发"了巨量甲烷的释放？有的学者主张是海底火山爆发，有的学者推测是海底地震，有的学者认为是海底滑坡，甚至有人提出它由气候变暖本身造成，即增温过程中热量往海底传导，从而促使天然气水合物变得不稳定而释放甲烷到大气中。

尽管触发原因有多种假说，但触发以后的反馈过程是清楚的，即天然气水合物并不是一次性释放甲烷，而是此后还持续释放，跨越了万年级时间，在地质记录上表现为碳同位素值持续变负，说明大气增温后其热量被传输到海底，继续对天然气水合物的保存条件起到破坏作用，从而促使更多的甲烷释放出来。正因为存在这样的正反馈作用，气候学界有不少学者担心，在今天大气快速增温或持续增温下，会不会造成类似于 P/E 增温事件的情况再次出现，毕竟现在储存在海底的天然气水合物总量非常大。当然，增温是否会导致永久冻土中的天然气水合物被破坏而释放甲烷，也是一个让人心怀警惕的风险。

工业革命以来的升温已经使海洋表层（百米以内）或混合层的热量得到积累，即表层海水的温度有所增高。由于吸收溶解了大量来自大气的 CO_2，表层海水的酸度也有所增高，这是观察到的事实。但由于表层海水和中深层海水的交换能力非常弱，现在看来要真正把表层海水积累的热量往下传输，并影响到天然气水合物存在的区域，在百年级的时间尺度上，可能还难以发生。

问题 26：变暖难道没有正面效应吗？

事物都是一分为二的。变暖也一样，它既可能带来害处和风险，也不可避免地会带来好处。

笼统地讲，温度升高，全球水循环加快，全球总降水量将增加。水、热增加，加之大气 CO_2 浓度增高可促使光合作用增强，全球性的生物产率必然会随之增长。这应该是好事。

全球增温，在北半球的高纬度地区尤其明显。这样一来，一些苦寒之地，比如加拿大北部、俄罗斯的西伯利亚、美国的阿拉斯加就有可能适合农业生产。又比如，东北是我国的大粮仓，以前经常有寒潮南下而导致粮食歉收，但最近一些年，已无寒潮之虞了。这应该也是好的方面。

古气候研究表明，地球上的沙漠面积在温暖期远远小于寒冷期。20 世纪 90 年代初，在北京的一个国际学术会议上，中国科学家的三个团队分别预测：在变暖背景下，青藏高原将变绿、西北将暖湿化、黄土高原和其北边的沙漠将变潮湿。30多年过去了，这些预测都得到了部分应验。这当然是好事。

但是，变好变坏都是通过局部地区表现出来的，世界还远远没有实现大同，变好的地区并不会有与变坏的地区分享好处的自觉性。从这个角度论，希望气候基本稳定，或即使要变暖，也最好"慢慢变"的期盼和愿望就可以理解了。

问题27：以前为什么会有地球将变冷的预测？

20世纪70年代初，西方科学家（尤其是美国的几位著名古气候学家）曾预测地球将进入一个新的冰期。这个预测在当时引起了欧美各国政府的高度重视，并由此投入大量人力物力，对地质历史上，尤其是过去260万年以来的第四纪地质时期冰期－间冰期波动做了大量的研究工作。

20世纪70年代初正值冬天特别寒冷的时期，那时古气候学家对地球轨道变化控制的冰期－间冰期波动的理解已经比较深入，天文学家也已经从理论上计算出地球轨道变化的历史曲线，地质学家把它与气候变化曲线对照后，发现目前的间冰期已持续了 1 万年，从地球轨道参数变化判断，接下来地球或将重新进入冰期。这个预测一出来，即受到科学界还有部分政治家的高度重视。

新的冰期即将到来的预测正好同当年科学界对美苏两大阵营打核战争的担忧相合流。一些科学家对小行星碰撞地球导致恐龙灭绝的事件高度重视，并提出核战争将导致核冬天，将使支撑人类生存的整个生态系统像白垩纪晚期一样彻底崩溃。新的冰期如果到来，当然也会成为欧美的灾难，因为冰期的欧美大陆不适宜人类生存。

此后，由于大气 CO_2 浓度增高导致全球变暖，新的冰期即将到来的"预言"也就慢慢消寂了。但不得不指出，当时的预测也是有理论依据和科学证据的，毕竟地球轨道变化所引发的冰期 – 间冰期波动在第四纪地质时期出现了数十次！

问题 28：CO_2 浓度升高将改变地球轨道对气候的控制吗？

这是一个特别有意思的问题。

在过去的 260 万年里，地球气候一直呈冰期 – 间冰期波动，尤其是过去 80 万年来，2.3 万年左右的所谓"岁差周期"比较突出，即 1 万多年的冷与 1 万多年的暖交替出现，这一点已经被从全球各地获得的大量古气候记录所证明。

我们现在所处的这个间冰期从距今 11 000 多年前开始，无论是地球轨道组合，还是历史记录，似乎都表明地球即将迈入新的冰期的门槛。事实上，大致从公元 1500 年到 1900 年，地球处在"小冰期"，欧洲当时的气候非常寒冷，青藏高原的冰川扩张也非常明显，我国的大量历史记录也能反映出当时的寒冷气候。尽管目前较为流行的主张是小冰期由当时太阳黑子活动弱化所造成，但没有足够的理由排除当时已开始向冰期过渡的可能性。也就是说，以下的假设不是没有根据的：正因为工业革命以来的 CO_2 排放，地球向冰期发展的进程被中断了。

国际上一些地球系统模式的运算表明，如果人类继续排放 CO_2，那么地球将进入历时数万年的"超级间冰期"。也就是说，曾经控制了气候变化的自然力量将让位于人为力量，灾难性的冰期气候在接下来的数万年内将不复重现！倘真如此，CO_2 排放是福还是祸呢？

第三节　能源、排放与经济

　　我们在前面已经了解到，排放来自能源消费，说到底碳减排是一个能源转型问题；我们同时知道，能源是经济的基础，这样说来，碳减排又涉及经济中的基础性问题。本节探讨 11 个问题，将从能源消费入手，谈谈不同国家在历史上和人均上的碳排放差别，以此说明发展中国家既要促使经济发展，又要着手碳减排，自身的压力远远大于发达国家。

问题 29：能源消费与经济之间有衡量指标吗？

　　有两个重要的衡量指标。一个是人均能耗，用人均多少吨标准煤来表示。这个指标可以非常直观地来理解，人均能耗越高，一般来说经济发展水平和居民生活水平越高。标准煤定义为每千克发热量 7000 千卡的煤炭，也就是通常说的"7000 大卡"。由于煤炭品质不同，发热量也不同，这样就可以用"7000 大卡"将不同品质的煤炭统一折算为标准煤。同样，原油、天然气、电力等均可按此标准折算成标准煤，由此获得一国的总能耗和人均能耗。

目前，全球人均能耗约为 2.7 吨标准煤，美国的人均能耗约为 10 吨标准煤，主要发达国家的人均能耗约为 5.7 吨标准煤，我国约为 3.5 吨，而印度只有 0.98 吨。微软公司创始人比尔·盖茨说过：6% 的富人，能耗却占到 75%！从这些数据可以看出，人均能耗同经济的发达程度紧密相关。

另一个指标是能源弹性系数，它用能源消费增速除以经济（以 GDP 衡量）增速来表达。举例来说，某国家某年能源消费增长 5%，当年国内生产总值（GDP）增长 10%，则当年能源弹性系数为 0.5。从这个比值可以看出，若一国的能源弹性系数小，说明该国的经济增长并非用能源密集型的行业（比如电力、水泥、钢铁、冶金等）来推动的，而很可能是靠高科技产业、服务业等能耗较低的行业来推动的。如果能源弹性系数为负值，则说明该国能源消费即使出现负增长，经济也还在增长中。

目前，世界上大部分国家的能源弹性系数是正值，只有少数发达国家是负值，这同发达国家已经把高能耗产业转移到发展中国家有一定关系。

问题 30：发达国家能源弹性系数变化有什么样的规律？

基本规律是技术进步和产业结构调整这两方面推动了能源弹性系数逐步下降。从发达国家的发展历程观察，大规模基础设施建设阶段结束后，能源弹性系数开始下降；制造业往外转移，本国出现以服务业为主的发展阶段时，能源弹性系数会进一步下降。

1750 年前后，工业革命在英国出现，以用煤炭作为燃料的蒸汽机为其标志。最初，英国的能源消费增长远高于经济增长，即能源弹性系数远大于 1；一直到 1870 年，英国的能源弹性系数才逐渐接近 1，而后一直到第一次世界大战结束（1918 年），它的平均能源弹性系数都没有下降到 1 以下。第一次世界大战结束之前，那些所谓"老牌工业国"的能源弹性系数基本都在 1 以上。

第二次工业革命使人类进入电气化时代，同时石油逐渐取代煤炭而成为主力能源。第一次世界大战后，美国取代英国，成为世界的经济中心，美国等先期工业化国家的能源弹性系数开始保持在 1 以下。而日本作为后起的工业国，从明治维新时代到 20 世纪 70 年代"石油危机"之前，其能源弹性系数一直大于 1。

20 世纪末叶，随着冷战结束，全球一体化加速，国际上的产业分工出现重组，许多高能耗产业开始从发达国家转移到发展中国家，同时技术的进步十分迅猛，因此从 21

世纪初期开始，主要发达国家的能源弹性系数出现负值，表明它们在经济增长的同时，能源需求开始下降。

问题31：影响一国能源消费的主要因素是什么？

第一是人口规模和经济规模越大，能源消费总量也越大。印度和中国的人口规模均远远大于美国，以当前汇率计算，中国和印度的经济规模要小于美国，但以可比价格计算，中国的经济规模要大于美国，而印度仍然远不及美国，因此三国之间的能源消费总量排序是中国、美国、印度。

第二是经济结构，即看一国的国内生产总值（GDP）中，通常所说的一产（农业）、二产（工业）、三产（服务业）各占多少比例。一般而言，相同的 GDP 值，工业占比越高，能源消费总量越大。

第三是发展阶段，如一国尚处在农业经济阶段，那么其能源需求就会很小；进入城市化和工业化阶段，由于基础设施的建设需求大、工厂用能的需求大，能源需求就会快速增长；城市化和工业化完成并进入"后工业化时代"时，能源需求一般会下降，能源弹性系数有可能出现负值。

第四是同能源效率或者说与技术水平有关。这些年来，节能技术一直在进步，比如火电厂发每度电的平均煤耗量已从 1990 年的 392 克标准煤下降到 2019 年的 289 克，炼每吨钢的能耗已从 1990 年的约 1 吨标准煤下降到 2019 年的 600 千克左右，煅烧每吨水泥的综合能耗已从 1990 年的约 200 千克标准煤下降到 2019 年的 130 千克左右。

第五是一国的进出口产品结构。如果以矿产、原材料、重化工产品等为主要出口物，能耗就会增大；如果以服务业为主要出口物，能耗就会减小。

第六是"老底子"，也就是一国在历史上的"建设积累"。积累越雄厚，越不需要在道路、桥梁、码头、机械、房屋等方面投入，能源需求就会越小。

问题 32：能源转型是什么含义？

简单地说，能源转型是指用能结构的改变，即向绿色低碳的能源结构转变。

煤炭曾经是许多国家的主力能源，后来在一些发达国家，煤炭的大部分用途被石油和天然气所取代。这是因为煤炭是所有能源中，污染物排放最严重的，如火电厂和炼钢厂所排放的硫化物、氮氧化物、粉尘是造成雾霾天气的重要物质基础。正因为这样，煤炭不是一种绿色能源，需要用排放更少的绿色能源来替代，同时在完成"替代"这一相对较长的时段中，要研发和应用减少煤炭污染的"清洁利用"技术。这里特别要说明，我国的能源禀赋是煤炭储量大，石油和天然气相对缺乏。用石油和天然气取代煤炭的路子并不一定行得通，因此发展煤炭清洁利用技术对我国来说具有特殊的价值。

石油是交通领域和化工领域的"粮食"。燃烧石油也会造成一定程度的污染，因此石油并非绿色能源；天然气曾一度被认为是一种清洁能源，但其碳排放量仍然不小，因此也不能将其定义为绿色低碳能源。

这里要补充一点：大气中的 CO_2 是维持地球生物生长的必需物质，所以不能把其定义为"污染物"。目前之所以要走低碳发展之路，一方面是因为在排放 CO_2 的过程中，会同时排放一些真正的污染物，另一方面是为了防止气候产生重大的变化。

用无污染物或较少污染物排放而又在其全生命周期（从生产、利用再到回收这一全过程）中只排放少量 CO_2 的能源替代煤炭、石油、天然气应该是能源转型的核心要义。此外，促使能源效率不断提升的技术应用以及全社会实行绿色节能的生活方式，也应该是能源转型的题中应有之义。

问题 33：我国是高能耗国家吗？

我们经常从媒体上看到一些专家的言论，大意是以单位 GDP 作比较，中国的能耗是某某发达国家的多少倍，从而得出中国是高能耗国家的结论。言下之意是我国经济具有能源浪费型特点。

下这样的结论，至少没有用历史的眼光和发展阶段的眼光看问题，未免有些草率。我们在问题 31 中做了分析，决定一国能源消费的因素至少有 6 个。如果我们用这个框架来分析，就可以发现现阶段以美元计量谈中国比发达国家更浪费能源这一结论的不合理性。

中国目前的人均能耗约为 3.5 吨标准煤，OECD（经济合作与发展组织，简称经合组织）成员的平均值是 5.8 吨标准煤，美国则接近人均 10 吨标准煤；中国的工业能耗约占总能耗的一半，而美国只占 1/6，OECD 成员平均只占 1/5，因此中国是世界工厂，工业规模约为 G7 国家（美英法德日意加）的总和，大量的工业制品出口到海外；中国在过去 30 年进行了超大规模的城市建设和基础设施建设，一方面是因为我们"底子薄"，另一方面是我们"压缩式发展"，因而必须"大兴土木"；中国的人均居民生活能耗还远低于其他国家；以人均年电力消费量作比较，中国是 5119 千瓦时，OECD 成员平均为 7773 千瓦时，美国则高达 12 744 千瓦时。

尽管如此，中国 1973～2000 年的平均能源弹性系数为 0.57，2000～2020 年为 0.74，印度同期则分别为 1.11 和 0.76，非 OECD 成员分别为 0.83 和 0.73。印度和非

OECD 成员的制造业规模、产品出口规模、基础设施水平都难以同中国比较，而大部分时间其能源弹性系数却高于中国！

我们将在本节接下来问题的回答中看到，尽管中国目前的人均碳排放量已经不小，而且仍以高 CO_2 排放的煤炭作为主力能源，但从历史和人均的角度统计，我们的能耗远低于全球平均水平！

因此，我国是一个较为节能的国家。

问题 34：我国未来能源消费还会较快增长吗？

这是一个比较难以回答的问题，它牵涉到经济增长因素、技术进步因素、经济结构调整因素、人口变动因素等。

中国的经济总量必定会持续增长，所谓"中等收入陷阱"不会在中国出现，这样的判断，即使对我国有敌意的人大概也不再怀疑。那么，在我国人均 GDP 约 12 000 美元的现状下，能源需求还会增长吗？从发达国家走过的路径看，人均 GDP 从一万美元到两万美元的阶段，能源消耗还会以较快的速度增长；从两万美元到 4 万美元这一阶段，大部分国家会缓慢地增长。有学者预计，我国到 2060年前后，人均 GDP 将达到 4 万美元左右。从这个角度讲，我国实现碳中和的阶段也是能源需求有一定增长的阶段。

从技术因素的角度看，我国大部分高耗能项目已经基本采用了世界上最先进的技术。当然未来的节能技术还会有进步，这一点将促进单位 GDP 能耗的相对下降。

随着中国的发展，我国的服务业比重一定会提高，但随着经济规模的扩大，制造业绝对量也会有所增长。另外，我们不太可能在国内劳动力充裕的前提下，像发达国家曾经做过的那样，推动高能耗产业往外转移。因此，尽管产业结构肯定会做出调整，但总能耗下降的可能性很小。

人口问题比较复杂。如果顺着目前出生率快速下降的惯性发展，我们的人口必定会很快出现负增长。如果国家考虑到人口下降的负面影响，拿出切实有效的激励措施，鼓励国民生育，那么保持人口出生率在自然更替水平上也不是不可能的。这一点是预测未来能源需求的最大的不确定因素。

总之，预测未来能源的消费总量是不太容易的。考虑到能源在经济社会发展中的基础性地位，国家在能源发展上宜采取适度超前的战略选择，不能满足于"紧平衡"。

问题 35：全球碳排放的现状如何？

这个问题可以从三个角度来回答。第一个角度是全球排放。目前全球每年 CO_2 排放的总量约为 400 亿吨，其中约 50 亿吨为土地利用变化排放，约 350 亿吨为化石能源利用排放。这 400 亿吨中的约一半被陆地和海洋吸收，其余留存在大气中，导致每年 CO_2 浓度上升约 2ppmv。

第二个角度是国别排放。中国在 2016～2020 年间，平均每年排放量约为 100 亿吨 CO_2，居世界首位。其他主要国家和地区的排放数据罗列如下：美国约 52 亿吨，欧盟 27 国约 30 亿吨，印度约 25 亿吨，俄罗斯约 16 亿吨，日本约 11 亿吨，加拿大约 5.7 亿吨，巴西约 4.7 亿吨，墨西哥约 4.4 亿吨，英国约 3.7 亿吨。

第三个角度是人均排放。还是以 2016～2020 年间的年人均值来排列，数据为：美国约 15.9 吨，加拿大约 15.3 吨，俄罗斯约 11.4 吨，日本约 9 吨，中国约 7.2 吨，欧盟 27 国约 6.6 吨，英国约 5.6 吨，墨西哥约 3.5 吨，巴西约 2.3 吨，印度约 1.9 吨。

这里要特别说一句，中国的人均能耗约为 3.5 吨标准煤，欧盟人均能耗多于 5 吨标准煤，中国的人均碳排放量反而高于欧盟，这是能源结构差异造成的，说明中国的能源消费还是以煤炭为主，欧盟则已开始向绿色低碳能源转型。

如果按照碳排放现状把世界上的国家分分类，则可以这样划分：（1）美国、欧盟 27 国、英国已进入碳减排阶段，这个阶段从人均碳排放量看，已进行了约 40 年；（2）加拿大、日本、俄罗斯等国，已开始出现人均碳排放量下降的苗头；（3）以中国为代表的一些国家，人均碳排放量已接近或进入了"平台期"；（4）印度等刚进入工业化较快发展阶段的国家，人均碳排放量还在快速增长中；（5）大部分农业国或以旅游业等服务业为主的国家，排放还没有真正"启动"。

问题 36：各国的排放历史有什么差异？

由于经济社会发展的阶段不同，尤其是工业化、城市化的启动时间有先有后，各国的历史排放量差别非常之大。对此，我们用两个指标来说明。第一个指标是 1900 年到 2020 年，即 120 年间的国别累计排放量。之所以用 1900 年为统计起点，是因为之前大气累积的 CO_2 量"不足挂齿"。这组数据以亿吨 CO_2 为单位，具体是：美国为 4047，欧盟 27 国为 2751，中国为 2307，俄罗斯为 1152，日本为 655，英国为 618，印度为 545，墨西哥为 201，巴西为 156。

因为国家间的人口差别巨大，所以我们可用更易于说明问题的"人均累计排放量"来表达。这就是第二个指标，它以国家为单元，把 1900 ~ 2020 年间每年的碳排放总量除以人口数量，得到逐年的人均排放量，再把 120 年的人均排放量进行加和。这组数据以吨为单位，具体是：美国为 2025，加拿大为 1522，英国为 1209，俄罗斯为 848，欧盟 27 国为 713，日本为 575，墨西哥为 295，中国为 190，巴西为 107，印度为 58。

全球人均累计排放量为多少？答案是 375 吨。

因此，尽管目前从国别排放总量的角度看，中国为第一排放国，且年人均排放量也超过了欧盟和英国，但这同中国的工业化和城市化起步晚，正处在压缩式发展阶段有关，也同我们底子薄，过去排放少有关。因此，人均累计排放量是最为合理的衡量指标，结果是：美国的人均累计排放量是我们的 10 倍以上，欧盟是我们的近 4 倍。所以，一些国家给中国戴"第一排放大国"的帽子，其理由是站不住脚的。

中国的人均累计排放量只有全球的一半左右，而我们的人均 GDP 已达到了全球平均水平。因此，我们前面讲到的中国并不是一个高能耗国家的观点，在这里又一次得到印证。

问题 37：人均碳排放量同居民生活水平有关吗？

关系非常之大。

我们可以这样理解：碳排放用于生产工农业产品和提

供服务，产品一部分用于居民的消费，一部分用于建设公共设施和生产设施（如道路、机场、工厂、学校、医院等）。根据这样的理解，我们又可以把"居民消费碳排放"从总的碳排放中"择出来"并单独核算。根据定义，居民消费碳排放包括两大块内容：一是直接消费，我们开汽车、烧火取暖做饭、开空调和用暖气等需要直接消费煤炭、石油、天然气或电力、热力的行为属于直接消费；二是间接消费，我们在衣食住行游等活动中消费的产品或读书、看病、理发、外出就餐等享受的服务都属于这一块。

国际能源署、经合组织、世界银行等都建立了与居民消费相关的数据库，并提供了主要国家的居民消费碳排放数据。这里要说明一点，一国的出口产品和服务从本国数据中扣除，而进口产品和服务则加入该国的碳排放数据中。所以这组数据在反映国别差异时，显得更为合理。

根据这些数据库，我们把十个大国在 2018～2019 年的年人均居民消费碳排放数据列出，单位为吨 CO_2。美国为 15.4，德国为 7.6，加拿大为 7.5，日本为 7.4，俄罗斯为 7.0，英国为 5.7，法国为 4.4，中国为 2.7，巴西为 1.5，印度为 1.1。

在这组数据中，美国遥遥领先于他国。这一方面说明美国居民生活中，节能并不在其考虑范围内，甚至各种浪费似乎也受到资本或社会的鼓励；另一方面也说明美国的能源结构有待重大调整。

把话说得激进一些：某些国家的碳排放仅仅是为了生存，属于生存型排放，而有少数国家已进入奢侈型排放或浪费型排放之列！

问题38：国际谈判为什么充满争议？

关于气候变化的国际谈判持续了20多年，给公众的印象是很难达成实质性的协议。这个现象的出现很正常，因为气候变化议题同能源安全、经济发展等问题实质性相关，国际地缘政治考量也会介入其中，而世界由不同的主权国家组成，某种程度上可以理解为一个"无政府主义"的世界，一个提案要得到各国一致赞成是极其困难的。

要说谈判中的争议，还得从《京都议定书》说起。发展中国家当时之所以同意在此议定书上签字，很大程度上是由于该议定书确立了"共同而有区别的责任"原则。所谓共同，即各国联合起来共同应对气候变化；所谓有区别，可理解为大气 CO_2 积累是由发达国家造成的，发达国家将率先减排（事实上，当时一些发达国家已经越过了碳排放高峰期而进入能源弹性系数负增长时代），并在资金和技术上为发展中国家的低碳化发展提供资助。后来，《哥本哈根协议》把这个资金资助定量为每年1000亿美元。

当大部分国家签署《京都议定书》之后，发达国家的口气大变，不再提"共同而有区别的责任"原则了，而是要求发展中国家也着手减排。至于资金和技术资源，发达国家只开了空头支票，一直分毫未给，反而对中国出口的绿色产品——太阳能电池板——次又一次地加征关税。至于发展中国家，一方面处在城市化和工业化发展阶段，能源需求的增长不可避免，另一方面技术和产业发展水平均落后于发达国家，显然难以承担立刻就减碳的责任。争议难免由此而产生。

作为唯一的超级大国，美国在应对气候变化上并不积极，而其民主党、共和党在应对气候变化上的态度截然不同：民主党积极参与但缺乏实质性行动；共和党则干脆退出国际协定，比如特朗普曾妄言"全球变暖的概念是中国人编造出来的"。2017年，特朗普当局甫一上任，即退出《巴黎协定》。

总之，吵吵嚷嚷的谈判还得进行，"刚性"的协议条款则不易达成。

问题39：未来可以在国家间分配碳排放权吗？

可能性很小，或者说几乎没有。

如果尊重历史、考虑人均、尊重各国的发展权利，那么一个比较公平的做法是在不同国家间分配未来碳排放权。

简单地说，历史上排放得少的国家人均多一点未来碳排放权，历史上排放得多的国家人均配额少一点。这个排放权可以作价、可以交易，由此来联合各国共同努力，实现减排目标。

事实上这样做是不可能的，还是因为这个世界是个"无政府主义"的世界，一旦涉及国家利益，大家都会坚持自利原则。另外，国际谈判中的话语权是由少数发达国家掌握的，它们有足够的"智慧"和手段来打破发展中国家间的团结，因而发展中国家要多争取未来碳排放权或在资金和技术上获得发达国家的实质性支持也将非常困难。

不管未来国际谈判的结果如何，中国已经下决心坚定不移地走绿色低碳发展之路，其中以自己掌握的节奏，稳步推进碳中和之路已成为国家目标。我们应该相信，中国在碳中和目标追求上一定会取得成功，从而为全世界提供一个绿色转型的成功样板，当然这也将在众多方面为我国带来实实在在的收益。

第四节　碳排放的主要部门

前面介绍了碳排放与能源消费的关系。本节将集中介绍能源消费部门主要有哪些，并为接下来介绍碳中和的实现途径奠定基础。

问题 40：如何理解发电部门的碳排放？

目前，我国发电部门的碳排放量非常大，约占总排放量的 40%，这同我国总电力的近 70% 来自火力发电有关，在火力发电中，又以煤炭发电为主。我国电力设备的技术处于世界先进水平，因此靠发电效率提升来减少碳排放，或者以排放系数较低的天然气来替代煤炭发电并非根本出路。用无碳排放的绿色电力取代火电才是根本出路。

但从严格意义上讲，绿电也会有碳排放。以光伏电池为例，尽管发电时没有排放，但在生产单晶硅、多晶硅及其他组件时，耗能相当大，如果生产它们时用了煤炭，就会有碳排放；当淘汰光伏电池时，要回收处理，也需要用能。这就有了"全生命周期排放"这个概念，也就是说，无论是光伏、风机、水电站、核电站，其从"生"到"死"再到"埋葬"都有用能需求，如果在这些能源利用环节中用到了煤炭、石油和天然气，那么碳排放的账就要算到其头上。

由此可见，低碳电力之路也是发电部门不断做结构性调整的过程。2021 年，美国总统拜登提出 2035 年美国实现零碳电力的口号。其实从全生命周期排放，甚至仅仅从发电这一个环节来看，要实现零碳电力也是非常非常困难的。

问题 41：工业部门的碳排放"大头"在哪里？

我国是世界工厂，工业部门的碳排放占比介于 60%～70%，为全球之"最"，电力部门又占整个工业部门排放的一半多一点，其他一半少一点的排放有四家大户：钢铁、建材、化工、有色金属冶炼。也就是说，原材料的生产是真正的排放大户。

这里以钢铁为例来详细说明。炼钢得用焦炭，焦炭来自煤炭，炼焦过程即有排放；钢铁生产工艺主要采用以高炉炼铁－转炉炼钢的长流程工艺和以废钢－电炉炼钢的短流程工艺，我国以长流程为主，具体有燃烧、熔炼、焙烧和加热过程，每个过程都会产生碳排放。中国科学院的团队在 2012 年时曾对钢铁生产各个步骤的碳排放做过精细测量，得出的结论是，该年我国钢铁行业的碳排放总量为 13.36 亿吨，也就是说，每炼一吨钢，要排放一吨左右的 CO_2。

建材领域的排放大户是水泥、陶瓷和玻璃，我国对这些产品的需求非常大，它们都是高耗能产业，尤其是水泥，其原料本身是石灰岩，以 $CaCO_3$ 为主，煅烧成 CaO 时，要释放出 CO_2。

有色金属冶炼的排放大户是电解铝，化工生产也要有大量能源投入。

经常有学者比较中美的工业结构，得出的结论是中国的重化工比重太大。现象确实如此，但原因还是在于发展阶段的不同。我国改革开放以来，工业化和城市化迅猛发展，建设需要"大兴土木"，需要这些原材料的生产，加之我国发展速度快，需求增长也快。而美国早在第二次世界大战之前就已经走过了那个阶段。

问题 42：交通部门的碳排放来自何处？

目前，我国交通部门的碳排放量约占总碳排放量的 11%。交通部门的用能主要来自汽车、火车、船舶、飞机，分货物运输和旅客运送。货运交通用能约占交通总用能的40%。从货品类别看，建材、煤及煤制品、钢铁等重化工产品的运输需求占我国货运需求总量的60%左右，这还是同我国处在大搞建设、大兴土木的发展阶段相关。从货运结构看，我国目前铁路货运周转量只占货运总周转量的20%左右，这个比例并不高。从单位重量的货运耗能来看，航空运输和公路运输远远高于铁路运输和水路运输，因此建设铁路运输专线，以及利用人工水道和自然水道，建设运载能力更为强大的水运路线，一方面可以做到相对节约能源，另一方面也可以提高运输的电气化水平，从而为碳减排提供支撑。

客运交通用能约占交通总用能的60%，其中，城际客运和城内客运约占19%，私家车、出租车等乘用车约占41%。我国人均城际客运周转量约为每年2500千米，这个数并不算小，已占到美国的一半，但随着经济的发展，以高铁和飞机为主要交通工具的人均城际客运周转量还会增加，这是由我国国土宽广所决定的。在乘用车方面，我国的人均乘用车保有量只在美、日的1/4和1/3之间，未来还会有较大增长。

问题 43：建筑部门的碳排放来自何处？

建筑部门的碳排放统计有两个视角：一是把建筑物建造过程中的排放也统计在内，二是仅仅统计建筑物形成以后的运行过程排放。前一种情况必须把钢铁、建材、装修产品、建造过程等统计进去，这些会同工业部门排放等重复，故一般不用。现在谈的建筑耗能是指城镇住宅、农村住宅、公共建筑和建筑采暖这四项。建筑排放皆来自这四项的用能。

据估算，我国建筑用能总量占全部用能的 20% 左右，上述四项大致各占 1/4。

从碳排放量看，建筑耗能的一大块是用电，而用电排放可统计在电力工业排放中，那样的话，建筑碳排放在排放总量中所占的比例略高于 10%，主要为家庭和公共建筑的餐饮业用气，以及各类建筑的取暖，即只来自建筑物运行过程中的化石燃料消耗。

可以想见，随着人们生活水平的提高，对生活舒适度的追求肯定也会提高，具体表现到建筑用能上，一是住宅面积更大，二是夏天空调制冷、冬天供暖的时间会拉长，三是秦岭－淮河一线以南甚至江南的居民都会有冬季供暖的需求，因此单纯从建筑用能的角度讲，未来保持持续增长当在意料之中，但用电力来替代直接用煤和用气也将是趋势，从而促使建筑的碳排放量下降是完全能做到的。另外，对建筑做出节能化改造，保持建筑用能总量仅小幅增长，未来也是可以做到的。

问题 44：农业的碳排放情况如何？

在我国的农业生产中，纯粹通过农业机械的燃油、燃煤等过程产生的 CO_2 排放，大致占总排放量的 1%，故农业不是一般意义上的碳排放"大户"。但如果把 CH_4 和 N_2O 这两种温室效应很强的温室气体的排放考虑进去，那么农业又是碳排放的重要"贡献者"。

从传统口径上讲，农业包括种植业、养殖业、渔业三大类；从温室气体的来源看，农业的碳排放有十种方式，分别是：动物的消化道反刍发酵、各类粪便的处理、水田的种植过程、化肥施用、粪便还田、牧场堆积或残余的肥料、农作物残留物分解、有机土壤培肥、烧荒、秸秆焚烧。从这个单子可以想见，要把各个过程排放了多少 CH_4、N_2O、CO_2 算清楚不是一件容易的事。为此，目前国际上应对气候变化的谈判主要聚焦于 CO_2，CH_4 和 N_2O 则一时尚难纳入其中。

问题 45：服务业的碳排放量大吗？

服务业的碳排放量很大，比如大量商业建筑物的能耗很大，你当然可以将其归为服务业排放。又比如餐饮业、旅游业、电信服务业、金融服务业，以及教育、文化等行业，都是用能大户，但我们在统计碳排放量时，往往把它们归口到电力排放、交通排放或建筑排放上，不对服务业碳排放做单独统计。这样做同服务业是"终端"用能单位有关，即服务业只利用外部送过来的电力，但不能决定这些电是绿电还是火电。也就是说，服务业在碳排放上并不"掌握主动权"。

当然，服务业不是没有减少碳排放的要求，而是服务业的"主动作为"只能是节能、更加节能！

第五节　碳中和的基本逻辑

本节探讨 3 个问题，首先对碳中和的基本概念做进一步说明，然后介绍目前世界上的主要国家对其实现碳中和的国际承诺，最后介绍实现碳中和的基本逻辑框架。

问题 46：碳中和是一个什么样的概念？

前面已经介绍过，碳中和的基本概念是实现净零排放，即人为排放的 CO_2 除被自然过程吸收那部分以外，其余部分通过人为努力固定下来，从而使大气 CO_2 浓度不再增高。

对这个概念，要做出几点说明。一是净零排放不是零排放，零排放估计在较长时期内是难以做到的。二是自然吸收主要来自海洋过程和陆地过程，属于"天帮忙"。以前排放的 CO_2，有一半多一点被自然过程吸收了，那么随着大气和海洋表层的 CO_2 浓度进一步增高，大自然还能继续把人为排放的 CO_2 吸收一半以上吗？这一点很难说，但以前有这个规律，我们姑且乐观地假定大自然还会继续如此帮忙。三是人为固定碳有多种方式，目前看来最经济便捷的方式是保育生态系统，尤其是森林生态系统，把碳固定到树木、土壤、湿地等碳库中去。四是我们现在谈的碳中和，主要针对的是 CO_2，因为 CO_2 对温室效应的绝对贡献量要远大于 CH_4 和 N_2O。未来是否会将 CH_4 也包含进碳中和概念中，目前不好预测，但可以肯定地说，欧洲的科学家和政治家是会要求世界各国这么做的。

这样一来，对我们这样的既是经济大国又是排放大国的国家来说，一个非常核心的问题是：我们减排到什么程度，就有能力实现碳中和？对这个问题，谁也不能肯定地回答，但我们可以暂且这样假定：当我国的年排放量从 100 亿吨 CO_2 减少到 25 亿吨 CO_2 时，我们可以通过固碳能力建设，基本实现碳中和目标。也就是说，从 100 亿吨 CO_2 减排到 25 亿吨 CO_2，可暂且作为我们实现碳中和路径的逻辑起点。

问题 47：多少国家已确定了碳中和目标？

截至目前，已有 135 个国家和欧盟地区，以立法或政策宣示的方式，原则性地定下了碳中和目标，其中 13 个国家已正式立法，30 个国家把目标写入了政策文件，

16个国家发布了政策声明，其他国家处在政府提议和目标讨论阶段。已立法的国家包括德国、法国、英国、日本、韩国、加拿大等，它们属于目标"刚性"的国家。中国同美国、巴西、芬兰等国家已把目标写入了政府的相关文件中，尤其是中国国家主席习近平多次在国内外的公开场合，承诺中国将力争2030年前实现碳达峰、2060年前实现碳中和。根据中国历来言必信、行必果的传统，这个"双碳"目标也应该是"刚性"的。尽管美国由于两党政治的相互掣肘，尤其是共和党一贯的消极态度甚至是抵触态度，还不能肯定它在什么时候能形成国家共识，但至少在发展绿色低碳技术上，它是认真且有较大投入的。

在实现碳中和的具体时间上，有5个国家承诺2030年实现碳中和，它们都是不发达国家；芬兰一个国家承诺2035年实现碳中和；3个国家承诺在2040年实现碳中和；4个国家把目标定在2045年；大部分国家（104个）把碳中和实现时间定在2050年；土耳其定在2053年；中国等9个人口较多的发展中国家承诺2060年实现碳中和；印度声明其碳中和实现时间为2070年。

很有意思的是，贝宁、不丹、柬埔寨、利比里亚、马达加斯加、圭亚那这6个极不发达国家自我声明已经实现了碳中和。这6个国家的现状是很少有工业和交通等部门的碳排放，但如何面对未来工业化、城市化过程中的问题？它们似乎采取暂不予以考虑的态度。

问题 48：碳中和是一个什么样的基本逻辑框架？

从前面介绍的碳排放的来源，我们即可感觉到，碳中和的核心是能源的去碳化或低碳化，当然无碳化更好，但从现实情况出发，无碳化是不易做到的。

能源如何去碳化、低碳化？这里有两条主线：一是生产出充足的绿色电力，并把电力从发电区域输送到用电区域；二是在钢铁、建材、有色金属冶炼、化工、交通、建筑等部门实现高度电气化，即用绿色低碳的电力来取代煤炭、石油、天然气的利用。

在这两条主线之外，还有一条主线要考虑，即到 21 世纪中叶，我们的技术进步和产业发展还到不了完全不用化石能源的程度，各经济体还会不得不排放一定量的 CO_2。对这部分 CO_2，除了被海洋和陆地吸收一部分外，还需要通过人为努力把另外一部分固定下来，即把它们固定到地层、地表或产品中去。

由此可见，碳中和有三条主线，我们可称之为"三端共同发力体系"，即发电端、能源消费端、固碳端协同发力，以实现所定目标。这就是碳中和的基本逻辑框架。

无论是发电端，还是能源消费端或固碳端，要真正起作用，就必须研发出用得上、较便宜的技术，由此支撑产业应用。说到底，实现碳中和是一个"技术为王"的过程。

在接下来的三章中，我们将分别探讨每一端的主要技术需求，以便读者更深入地理解在操作层面上如何保证碳中和目标的实现。

02

第二章

绿色低碳电力供应系统

前面已介绍，实现碳中和，首先要满足的条件是能源供应系统应该以电力为主，并且这个电力供应系统具备绿色低碳的特点。有了这样的新型电力供应系统，能源消费端的煤炭、石油、天然气等化石能源的应用才可以被风、光、水、核、地热等非碳能源发出的电力所替代，从而使整个经济社会实现碳中和目标。

　　对电力供应系统来说，这是一场彻底的革命，更是对电力科技的巨大挑战，因为要建立这样的一个新型电力供应系统，需要克服大量的技术难题。

　　本章将着重介绍在碳中和目标导向下，我们需要建立一个什么样的新型电力供应系统。主要内容分三大部分，即发电领域、电力调节领域和电力输送领域。

第一节　发电领域

发电是基础。有了充足的绿色低碳电源，才能把电力输送到有需求的地方去，从而既满足经济社会发展的需求，又为实现碳中和提供切实的支撑。

前面这句话，对电力供应系统提出了两个前提条件：一是"充足"，二是"绿色低碳"。"充足"这个要求来自两个方面：一方面是随着社会的发展和生活水平的提高，整个社会对电力的需求也会增长；另一方面是在能源消费端要用电力替代化石燃料，这意味着需要发出和输送更多的电力。

"绿色低碳"是环境保护和实现碳中和的必然要求，"绿色"意味着整个电力供应系统必须对环境友好，至少不会产生超出环境容量的污染；"低碳"则意味着目前以化石能源为主的发电要转化为以非碳能源为主，即以太阳能、风能、水能、核能、海洋能、地热能、生物质能为主，把煤炭、石油、天然气产生的电力尽可能降到最低。

本节的内容将集中在发电领域，重点介绍发电领域如何做到"绿色低碳"。这里要提前回答一个疑问：目前国际上一直倡导"无碳电力供应系统",而我国只强调"低碳电力供应系统",原因是什么？确实，无碳电力供应系统的概念已经被提出多时，美国总统拜登甚至提出美国要在 2035 年实现零碳电力供应系统的目标。但大部分理性的学者认为，由于以风、光为主的电力供应系统具有极大的波动性，如果没有一定的火电作为调节电源和应急电源，要保证电力的供需平衡，在一个较长的时期内是难以做到的，因此发展绿色低碳电力供应系统的提法更切合实际。

问题 49：为何有那么多关于能源的名词？

确实，学术界和业界针对能源有很多描述性的名词，比如化石能源、碳基能源、低碳能源、非碳能源、绿色低碳能源、可再生能源、清洁能源、新能源等，还有一次能源、二次能源、三次能源……

其实，这些名词基本上可以"顾名思义"。化石能源就是煤炭、石油、天然气，它们都需要通过地质过程，把有机质埋藏到地下深处，经过很长时间才能转化而成。这类似于化石的形成，同时它们的主要成分为碳或碳氢化合物，因此都是碳基能源。

非碳能源在利用时不排放 CO_2，如太阳能、风能、水能、地热能、核能、海洋能都属于这一类。低碳能源常常有两种含义：一是泛指能源供应系统而言，整体上代表化石能源占比较低，因此有动态变化的含义在里面；二是特指天然气，因为产生同样的热量，天然气排放的 CO_2 要比煤炭和石油少得多。

清洁能源指的是在生产和使用时对环境不产生明显污染的能源，除核能之外的非碳能源都在此列，但一些专家（尤其是石油部门的专家）也把天然气视为清洁能源。如果煤炭和石油能严格做到清洁利用，那么理论上也应该算作清洁能源，但它们不能算作绿色低碳能源。从含义上理解，非碳能源除核能外，均可被视为清洁能源，但从全生命周期考察，如从设备生产过程到利用过程再到设备淘汰后的处置过程，它们要作为严格意义上的清洁能源，还需要额外的环保措施。

可再生能源指的是自然界会再生的那些能源，如风能、太阳能、水能、海洋能、地热能、生物质能等。至于新能源，这个概念在几十年前就被提出来了，它一般相对于传统的化石能源而言，因此非化石能源均可被视为新能源。

从上面的介绍可知，我们理解能源的名词含义，一般可从三个角度出发：一是对环境是否友好，即绿色与否，这一点既可以仅仅从能源生产利用角度出发，也可以严格地从全生命周期利用角度出发；二是可否再生，可再生意味着可持续利用，不可再生能源（如煤炭、石油、天然气）

总有一天会被用尽；三是碳排放量的大小，显然，在碳中和目标下，低碳能源和非碳能源更有发展前景。总之，未来的能源应满足绿色、低碳、可再生的条件。

所谓一次能源、二次能源等是从生产和利用链条上下定义的，比如煤炭拿来发电，则煤炭是一次能源，电是二次能源。又比如氢能，如果它是由从太阳能、风能等发出的电直接电解水产生的，那么太阳能、风能是一次能源，氢能是二次能源；如果氢能运输到某特定的地点再用于发电，那么这部分电就变成三次能源了。

能源的依次转化，最终到终端用户，也是能源效率逐渐递减的过程。因此，如何减少转化层级，也是能源高效利用的题中应有之义。

问题 50：太阳能用之不竭吗？

太阳内部的氢发生核聚变反应生成氦，释放出巨大的辐射能量，并以光的形式到达地球，成为地球万物生长的能量基础。太阳辐射总量非常之大，到达地球的那部分只占其总量的 22 亿分之一。尽管如此，每秒到达地球的太阳辐射能量竟相当于燃烧 500 万吨标准煤。照此推算，全球一小时接受的太阳辐射总量与全世界一年消耗的化石能源总量基本相当。因此，从理论上讲，太阳能是一种用之不竭的可再生能源。

目前，太阳能的能源化利用方式主要是光伏发电，其次是光热发电，这两种技术在半个多世纪前即得到研发。几十年来，光伏技术已经获得长足进步，具备了同其他电力资源同价竞争上网的产业发展水平，光热发电则尚难达到商业应用的成本要求。

太阳能资源丰富，在生产电力的过程中不污染环境，还具备因地制宜地提供能源的优点。尽管如此，它也有明显的缺点，首先是能量密度低。同样是一个 100 万千瓦装机容量的发电厂，火电厂只需占用很小的一块土地，而光伏电厂则需要在很大的一片土地上密密麻麻地装上光伏电池板。太阳能的第二个缺点是空间分布差异性大。我们都知道，赤道地区接受的阳光要远比高纬度地区充足，并且赤道地区一年中一天光照时间的差别也远小于高纬度地区；除此之外，在同一纬度内，干旱地区的光照条件要远好于潮湿多云的地区。正因为如此，不同地区一年中可利用太阳能发电的小时数是相当不同的。这个差异使不同地区相同装机容量的光伏发电厂每年发出的电力产生较大差距，从而导致单位发电成本相当不同。太阳能的第三个缺点也是最大的缺点，即波动性大。这个波动性既来自昼夜的交替，又来自冬季光照时数短、夏季光照时数长这样的季节性波动，还有可能来自雨雪阴霾这样的难以精确预测的天气过程。有时候，这样的坏天气甚至会持续很多天！

如何用各种技术手段"平滑"掉这些波动性，从而使太阳能发出的电力能够全部或至少是极大部分被电网所接受，同时又要保证满足下游用户的用电需求，这是未来建设新型电力供应系统的重大课题，目前看来也是一时难以解决的难题。

我国的太阳能资源非常丰富，尤其是我国有大片气象条件相对较好的沙漠戈壁区和高原地区，如青藏高原的北部、新疆、青海、甘肃中西部、宁夏、内蒙古西部等区域。有人做过计算，认为将我国数百万平方千米干旱区中的30万平方千米装上太阳能电池板，从可发电量来讲，即可满足全国的用电需求。

问题 51：光伏发电如何实现？

光伏发电通过太阳能电池板（图 2-1）来实现，它是利用光伏电池中的半导体界面将光能直接转换成电能的一类技术。这种技术的原理在一个多世纪前就已经被发现，太阳能电池也在半个多世纪前被发明，从那时起，经过全球无数研发人员的努力，光伏发电已成为一种相对成熟同时又在不断改进的技术，并且正在成为一个庞大的产业。

图2-1　五凌电力阿拉善右旗光伏电站的太阳能电池板（见彩插）

当前，光伏电厂主要采用半导体界面为晶体硅的太阳能电池。晶体硅又分为单晶硅和多晶硅，它们均由高纯度的硅组成，二者的区别在于原子结构排列：单晶硅是有序排列，多晶硅是短程有序、长程无序，因此单晶硅的生产工艺相对复杂且成本较高，但其把光能转换成电能的效率也相对较高。目前，产业化的光电转换效率已达到23%，实验室的光电转换效率更达到29%以上，已接近晶体硅电池的理论转换效率上限。尽管如此，围绕晶体硅转换效率提升的各种研究工作仍在不同实验室中展开，比如有的实验室通过将钙钛矿和晶体硅这两种半导体叠置，形成光伏电池界面的叠层结构，取得了转换效率达到29.5%的纪录，突破了晶体硅单独结构29.43%

的理论转换效率上限。可以想见，随着研究的深入，光电转换效率的提升还可期待。

除晶体硅电池之外，一些新型太阳能电池也在研发之中，比如各种各样的薄膜电池，包括铜铟镓硒、碲化镉和钙钛矿薄膜电池；还有把多种半导体材料融合在一起的叠层电池技术，它们在提高转换效率上展现出良好的前景；再有就是一些柔性材料组成的有机电池也在研发之中，用以满足太阳能电池的多种用途。

这些发展都对装备、材料、工艺、环保等提出了新的要求，也使太阳能发电成本的大幅下降成为可能。有专家预计，十年之内，我国不少区域的太阳能电池发电成本下降到每度电一角钱以内是完全有可能的。

问题 52：光热发电如何实现?

光热发电是太阳能热利用的一种方式。光热发电首先要用大量反射镜或透镜把大面积的太阳光汇聚到一个相对较小的集光区。这个集光区既可以是线型（比如一条槽），也可以是点型（比如类似一个盘）。集光区因接受大量太阳辐射而被加热，其温度可达到几百甚至上千摄氏度，由此集中起来的热能用于产生蒸汽，蒸汽带动涡轮发动机做功，发动机再带动发电机发电。因此，太阳能光热发电是把光能转换成热能、热能转换成动能、动能最终转换成电能的过程。

这样的太阳能热发电系统需配有大容量的储热装置，目前储热材料一般为熔盐（盐类熔化以后形成的熔融体）。由于有了储热系统，光热发电站（图 2-2）既可以在电网需要电力时用热能发电，又可以在用电低谷期把电网中多余的电吸收转换成热能并储存起来，即拥有发电和储能双重功能，这是光伏发电系统所不具备的优点。正因为有这个功能，太阳能热发电能够克服太阳能日波动性大的缺点，是未来太阳能利用中较有前景的一项技术。

图 2-2　中国能建哈密 50 兆瓦熔盐塔式光热发电站（见彩插。图片来源：© 新华社记者高晗。本书经授权使用）

太阳能热发电技术起源于半个多世纪之前，但迄今为止，建成运行的电站在世界范围内并不多，究其原因是成本过高而缺乏商业竞争力。随着未来火电逐步退出，如何克服太阳能和风能波动性大的缺点将成为整个电力供应系统的核心追求。因此，对太阳能热发电技术的研发投入、示范工程等活动将得到更大的重视，这将促进不断的创新突破，比如更为廉价且转换效率更高的储热系统、性价比更高的聚光系统等一定会问世，从而使其发电成本降到市场可以接受的程度。

我国太阳能资源非常丰富。据测算，我国光伏发电的装机潜力在 1000 亿千瓦以上；光热发电要求较高的太阳光直射比例，适宜开发的量相对较小，但估计可开发量也在 3 亿千瓦以上。

顺便指出，太阳能热水器也属于太阳能热利用，我国太阳能热水器保有量位居全球第一名。

问题 53：我国的风能资源丰富吗？

众所周知，风力是在空气流动过程中产生的。空气之所以流动，根源还在太阳。地球表面受到太阳辐射而被加热，但对不同地区、不同高度、不同土地利用类型来说，这个加热过程是不同的。加热程度高，空气受热膨胀往上浮，气压就降低；加热程度低，空气就会相对下沉，气压就升高。这样一来，在空间上就会形成压力差，空气会从压力高的地方流到压力低的地方，由此产生风。这样产生的风就会携带动能，可带动机械做功，机械做功则可以通过电机将机械能转换为电能，这就是风电。

我们都听说过"西风带"这一术语。西风带位于中高纬度地区，北半球吹西南风，南半球吹西北风，空间上可跨几十个纬度。它是全球行星风系（图2-3）中的重要组成部分。相对于其他风系，西风带在稳定性和持续性上相对优异。正因为如此，位于西风带区域的欧洲近年来把风力发电放到极其重要的位置上。事实上，对西风带风力的开发，欧洲人在历史上就特别重视，荷兰标志性的风车就是一个例子。

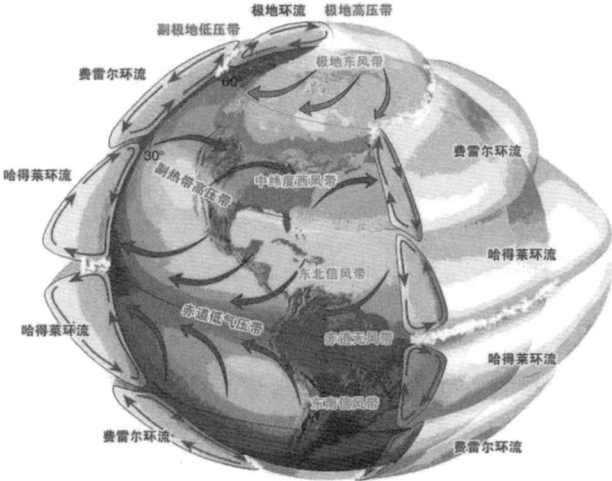

图2-3 全球行星风系示意图（见彩插）

我国东部是季风气候区,夏半年盛行东南风,冬半年则以西北风和东北风为主。西风带对我国高纬度地区也有相当影响,因此我国是风力资源相对丰富的国家。根据中国气象局估测,我国陆地和近海风能资源的技术可开发量在100亿千瓦装机容量这个数量级,其中,内蒙古、新疆、黑龙江、甘肃、山东的风能资源技术可开发量位居全国前五名。

　　无论是陆地还是近海,随着离地面高度的增加,风力资源量都会随之增加;对于近海,随着离海岸线距离的增加,风力资源的可开发量也会增加。由此可见,风能作为一种清洁低碳的可再生能源,在实现碳中和目标上可发挥重大的作用,但它的开发潜力十分依赖技术进步。

问题 54:风力发电技术有何进步趋势?

　　风力发电的基本设施是风力发电机,简称风机。自然形成的风带动风机上的叶片旋转,这是将风能转换成机械能的过程。叶片旋转带动发电机发电,把机械能转换为电能,发电场的多部风机组合起来输出电力,即为风力发电场(图2-4)。但是,和太阳能一样,风能也是一种能量密度低、波动性大的资源。

图 2-4 内蒙古哈纳斯阿拉善左旗贺兰山风力发电场（见彩插）

风力发电早在 100 多年前的美国就已经出现，但当时的风机很小，叶片轮子的直径只有 17 米，额定发电功率为 12 千瓦。自那时起，一些拥有先进技术的国家开始对多种风机结构和工艺进行探索。到目前为止，风力发电技术已取得跨越式进步，比如全球风电累计装机规模已突破 8 亿千瓦，世界最大风电机组单机容量已达到 1.5 万千瓦，叶轮直径超过 250 米。

我国也建立了完备的风机研发体系和产业体系，掌握了大功率机组设计和制造技术，实现了主要装备国产化，核心技术的研发水平正在追赶世界前沿。到 2021 年底，我国的风电累计装机容量为 3.28 亿千瓦，稳居全球第一，陆上风电和海上风电的各自装机容量也居全球第一，成为名副其实的风电大国。

未来的风电技术还有很大的发展空间，比如向更高空间要风、研发出具有更大功率的风机和适应在低风速下工作的风机、海上固定式风机和漂浮式风机并举、海上风电的大规模汇集和远距离输送等，并追求在技术进步的同时进一步降低成本，尽早实现平价上网。

问题 55：地热是一种什么样的资源？

众所周知，地球内部是热的，这从火山爆发、熔岩溢流等现象即可知悉。地球内部储存的热量主要由各种放射性物质的衰变过程所释放，这些热量通过岩石等介质可向地表缓慢传导，由此形成我们熟知的情况：从地表往下，温度一般呈升高趋势。这个现象可用地温梯度来描述，它表示每深入地下 100 米，温度能升高多少摄氏度。由于地下物质、结构、形成过程及演化历史的不同，不同地区的地温梯度也会有差别，它们一般介于 1℃～ 3℃。

地热是一种清洁、低碳、可再生的资源，并且其资源量非常之大。有学者估计，全球 5000 米以浅的地热资源量在 5000 万亿吨标准煤左右，对照我国目前每年消耗的总能源在 50 亿吨标准煤这个数值，即可推测地热几乎可以被称为取之不尽、用之不竭的能源。

但地热分散在地球深处的全部空间中，其能量密度非常之低，要真正把它们利用起来，并且使这种能源有市场竞争力，并非易事。因此，到目前为止，地热在全球总能源消耗量中所占的比例还非常之低。地热真正成为一国主力能源者，全球仅有冰岛这个地热资源特别丰富的小国。冰岛过去几十年来一直发展地热利用技术，并已成为全世界在这方面的样板国家。

地热资源按温度可划分为高温、中温、低温三类。高温地热以蒸汽形式存在，温度高于150℃；中温地热以水和蒸汽的混合物形式存在，温度介于90℃～150℃；低温地热的温度介于25℃～90℃，以温水的形式存在。由于地温梯度的作用，原则上每个地区均会有地热资源，但优质高温地热资源主要集中在现有岩石圈板块活动的边缘地区，如前面提到的冰岛就处在大西洋中脊地热带，我国有名的羊八井地热电站则处在喜马拉雅地热带，为印度板块俯冲区域。

根据利用方式，地热资源还可划分为浅层地热能（温度低于25℃，埋深小于200米）、水热型地热能（25℃～150℃的水或蒸汽）及干热岩（埋深达数千米、温度高于180℃的无水无蒸汽岩石）。

我国的地热资源相对丰富。据估测，从技术可开采这个角度论，我国的浅层地热能可折合7亿吨标准煤，中深层地热能可折合18.65亿吨标准煤。由此可见，发展地热开采技术应成为碳中和实现路径上的一个重要组成部分。

问题56：地热利用采用哪些技术？

地热既可用于农业大棚、温泉休闲等大家熟知的方面，也可用于供暖／制冷和发电。

最近几年，地源热泵技术在建筑物供暖／制冷上有较为广泛的应用。地源热泵机主要是通过电力把地下浅层某个温度（比如26℃左右）的水抽上来，这部分水中的热量在冬天可起到供暖作用，在夏天又可起到制冷作用。地下浅层的这部分水的热量既由地下深处传导而来，又由太阳辐射能的加温作用所致。在地下水丰富的区域（比如我国南方的湿润地区），这应该是很实用的技术。我国目前地源热泵的装机总量居世界首位。

地下水中的热量还可通过热交换装置换出来，换出来的那部分热量用于供暖。这样的换热既可以在地表进行，即把热水抽取换热后，再把降温后的水回灌或排放，也可以在井下进行，即采用取热不取水的方式，这样做无须取水、回灌，可节约成本。

直接抽取温度较高的中深层地热水用于供暖，这种技术近年来在我国北方及东南沿海地区发展较快，比如在河北雄县，城区的供暖需求主要由中深层地热水来满足。

地热发电主要利用汽轮机，由地热形成的蒸汽对汽轮机做功，汽轮机再带动发电机发电。美国由于地热资源丰富，其地热发电量占全世界地热发电量的四分之一以上，并已形成一定的规模。

干热岩分布广泛，资源量非常大，如果能得到商业性开发，将在传统能源替代上起到革命性作用。如何开发干热岩，国际上从 20 世纪 70 年代起，就开始做试验性研究。这类技术的总体思路是，通过打井和地下压裂技术，使干热岩产生很多裂缝，把水或其他介质灌进去以交换裂缝中的热量，再把蒸汽从另一口井中抽取出来作发电之用，即通过两井循环注、采过程建立发电系统。这方面的技术还在发展之中，离商业应用还需时日。

问题 57：生物质能有多大利用前景？

所谓生物质能，就是通过光合作用形成的各种有机物，本质上还是由太阳能转换而来的化学能。生物质能的种类很多，比如山上的柴薪、农作物的秸秆、木材加工和农副产品加工过程中形成的废弃物、动物畜禽的粪便、城市的部分垃圾等。这些物质中的相当一部分需要处置，把它们用作能源，既是废物利用，也可清洁环境。

生物质能利用，一是直接燃烧利用，比如满足农村的炊事和取暖需求；二是收集后发电，也就是燃烧产生蒸汽，推动汽轮机工作而产生电能，近年在农林废弃物量大面广的地区，生物质发电已得到一定应用；三是转化成生物天然气、生物柴油等燃料后再利用。

截至 2021 年底，我国生物质发电并网的装机容量已接近 4000 万千瓦，生物质年产气量也达到 14 亿立方米左右，使用柴薪的农户占多少比例没有统计数据，估计还会在千万户的数量级上。由此可见，生物质能可成为整个能源系统的一个组成部分。

原则上讲，生物质含有的碳来源于大气中的二氧化碳。燃烧时，这部分碳又转化为二氧化碳回归大气。仅从利用环节看，二者是相等的，故可将生物质能认定为无二氧化碳排放的能源，但在具体实践中，要把生物质能收集到如发电厂这样的地点，会额外消耗能源并排放一定量的二氧化碳。

曾有学者建议我国大力发展生物质能，比如引进可产出生物柴油的植物等，但冷静思考后会发现，这条路是很难行得通的，因为我国的土地资源太过稀缺，水资源也不足，有限的水土资源应该用来保证粮食安全。初步估计，生物质能源在未来整个能源系统中的占比，充其量只会有几个百分点。

问题 58：潮汐能利用到什么程度了？

受到太阳和月亮的引力作用，海水会在垂直方向上出现涨和落而形成势能。这样的涨落每天会发生两次，我们习惯上把早晨的潮称为潮，把晚上的潮称为汐。当太阳、月亮和地球处在一条直线上时，潮汐涨落程度较高，我们称之为大潮；当它们不在一条直线上时，潮汐涨落程度相对较低，我们称之为小潮。涨潮和退潮时，大片海水作水平进退，同时在海湾和河口形成潮流，这样的进退产生大量的动能，为利用其发电创造了条件。

潮汐能利用可分为潮差利用和潮流利用两种。

涨潮和退潮间有一个水位差，从而形成势能，它是潮差利用的前提。要利用这个落差，需要在合适的位置修建水库。在涨潮时，水库的水位比海水面低，海水往水库中流入时，推动大坝内侧的涡轮机发电，并在涨潮结束时关闭闸门，让水库蓄水到最高水位；落潮时打开闸门，放出海水以驱动水库外侧的涡轮机发电。这样形成一天两次发电的循环，每次 4 小时，一天能有 8 小时的发电时间。

潮流能是潮水在水平运动时所拥有的动能，比如大家熟知的钱塘潮，它在入海口向上游运动时，产生的动能是巨大的。利用这样的潮流发电，目前采用的是水平轴涡轮机技术。

从前面的介绍可知，尽管总量巨大，但潮汐能非常分散，通过筑库所能形成的水头落差同山区河流相比非常之小，因此尽管理论上有非常大的发电潜力，但目前实际建成的具有商业竞争力的潮差能发电工程在全球范围内还屈指可数。而利用潮流能发电，目前还只处在示范阶段。可以预计，潮汐能在碳中和实现路径上所能发挥的作用不会太大。

问题 59：还有其他利用海洋能的发电技术吗？

除前面讲到的潮汐能之外，利用海洋能发电的技术还有波浪能、温差能和盐差能发电技术。

海洋中的波浪是由风能驱动的，它具有分布广泛、总量巨大、单位面积的能量密度较高（动能较大）、清洁、非碳、可再生等优点，如能得到充分利用，具有重大价值。我国近海和毗邻海域的波浪能技术可开发潜力据估测超过5亿千瓦的装机容量，比较我国目前内陆水电4亿千瓦左右的装机总量，即可获知波浪能开发的"诱惑力"。

世界上发明波浪能机械装置来发电的第一个专利可追溯到200多年前。到目前为止，各种机械装置五花八门、非常之多，但也无非是两大类：一是把波浪能传递到岸上再发电，二是装置漂浮在海面上直接发电。我国波浪能发电的技术研发已进入示范阶段，100千瓦级的发电装置已可以为小岛屿独立供电。

所谓海水温差发电，主要是利用海洋表层水温度高、深层水温度低这个差异来做功。最重要的装置是两个热交换平台和里面沸点很低的工作流体（比如氟利昂）。第一个热交换平台中装有液化的工作流体，把表层海水抽取到这个平台，把热量交换给工作流体，促使其汽化而推动涡轮发电机发电；汽化的工作流体再导入到另一个热交换平台，通过深层水冷却成液体。如此循环，从而利用海水温差获得电能。据估测，我国近海及毗邻海域的温差能技术可开发潜力较大，装机容量在 3.5 亿千瓦左右。

所谓盐差，主要是指在江河入海处，海水同江河水存在的盐度差。利用这个盐度差发电的基本原理是，两种不同盐度的溶液放到同一容器中时，浓溶液的盐离子会自发地向稀溶液扩散。把这两种溶液的电化学差转化为电能，即为盐差发电。这个设想在 80 多年前即已提出，但相关技术目前仍处在研发状态。

可见，海洋能是一个值得重视的领域，对海岸线漫长、海岛众多的国家来说尤为如此，因为海岛的用电常常不可能远距离输送。

问题 60：我国的水力发电还有潜力吗？

我国地势西高东低，主要河流发源于西部高原，因此是世界上水力资源最为丰富的国家。据估计，我国水力蕴藏的装机潜力在 5 亿～ 7 亿千瓦。新中国成立以来，我国水电从基本可忽略不计，到目前建成约 4 亿千瓦的装机容量，三峡、白鹤滩等电站在世界上声名显赫（图 2-5）。最近几年，我国水电"大军"走出国门，为第三世界修建水电站，取得显著业绩。无疑，我国已经是世界水电大国、强国。

图 2-5　三峡大坝（见彩插。图片来源：© 三峡集团西南分公司原总经理黄正平。本书经授权使用）

水电是清洁低碳的可再生能源，并且相对廉价，其上网电价远低于火电，其电力还可作灵活性调节。同时，水电站又可产生防洪、航运、灌溉等综合效益，因此继续发展水电应在我国未来碳中和战略中发挥重要作用。

目前来看，我国水电的未来开发潜力，主要集中在青藏高原及周边，应该说还有不小潜力，尤其是雅鲁藏布江，落差大、水力足，具有数个三峡电站的电力开发潜力。但雅鲁藏布江处在国际河流上游，同时青藏高原的生态又相对脆弱，在其开发过程中，估计会不可避免地出现不同的声音。

从我国几十年来的水电开发看，水电建设总体上利大于弊，这从三峡大坝建设前反对声音众多，建成后事实表明当年的担心并不存在或至少没有那么严重即可获知。三峡大坝应该成为我们提升对大坝建设认知水平的教材。

从20世纪60年代罗马俱乐部成立以来，国际上反对建设水电大坝的声音此起彼伏，有些颇为极端的思想难免影响到国内的一些受众，形成对水电开发的阻碍声音。因此，我们在积极开发水电的同时，还要防止一些"生态原教旨主义思想"的进口。

问题61：核电的优缺点有哪些？

目前核能发电都是利用核反应堆中的核燃料裂变所释放的能量，因此不释放二氧化碳。核燃料的能量密度非常高，1克铀-235裂变就可释放相当于大约3吨煤燃烧释放的能量。它同能量密度低的可再生能源可形成良好的搭配，以适应不同负荷的供能需求。核电厂的供电可以比较稳定，而风、光发电受气候、季节性等条件变化的影响大，因此核能同风能、光能等可形成互补，为稳定持续地供电提供保障。由于核电的能量密度高，一个装机容量几百万千瓦的核电厂只需占用一块不大的土地，而风电厂和光伏电厂则需大面积土地。此外，规模化的核电价格比较适中，基本能满足一国在经济社会发展过程中，对能源有比较充裕、相对廉价、保障供应这样的要求。

但核电也有缺点：一是社会公众对其安全性的担忧；二是核废料的处置和保存问题；三是对发电原料铀矿供应不足的担心；四是对核扩散甚至核材料落到恐怖分子手中的担心。安全问题最为重要，尤其是日本福岛核电站核泄漏事故发生以后，许多经济发达的国家纷纷停建甚至关闭核电站，一时形成"弃核风潮"。

确实，核电站一旦出事，马上会在民众中形成"震怖"心理，但迄今为止世界上发生过的三次核电站重大事故（三哩岛、切尔诺贝利、福岛）的主因都不是核电站设计等本身的问题，而是人为操作失误。也就是说，即使发生严重的地震或海啸，像福岛核电站核泄漏这样的事故也是完全可以避免的。目前国际上所称的第四代核电站，从设计上就要保证，即使反应堆因发生事故而停止工作，铀燃料继续裂变所产生的能量也达不到引起爆炸的程度。这就从根本上解决了公众特别关心的安全问题。

核废料目前基本采用电厂暂寄、地下封埋两种方式。由于核废料含有浓度较高、半衰期特别长的高放射性铀，因此即使封埋到地下后，会不会仍然有朝一日造成环境核污染？这是公众普遍担忧的一个问题。目前一些研发实体正在针对性地研发处理装置，目标是把核废料中的铀重新循环利用起来，即尽量做到"吃干榨尽"。这样处理后，核废料的安全性将大大提高。

至于铀矿，尽管有人预测世界上的铀矿资源不够人类未来 100 年使用，但这是在没有做充分地质勘探基础上的预测，有点像 20 世纪 70 年代，石油危机发生时，产生石油即将枯竭的预言，而半个多世纪以来的事实是，每年勘探得到的新增油气资源储量还要高于开采量。

总之，核能利用技术一直在进步。在未来追求碳中和目标的过程中，安全的核能必将占有一席之地。

问题 62：第四代核电站是什么含义？

核电站是分代的，不同代的核电站采用不同的技术。

我们可以参照火电站来想象核电站发电。火电站分两大部分：第一部分用煤或其他燃料加热锅炉中的水；第二部分用蒸汽驱动汽轮机发电。核电站的蒸汽发电部分同火电站相似，区别在于，核电站用金属铀或钚作燃料的反应堆取代火电站用煤炭加热的锅炉部分。这部分要把反应堆产生的裂变能，即热量，用工作介质输出，用于驱动汽轮机发电，然后要用冷却剂冷却，从而形成回路系统（图 2-6）。

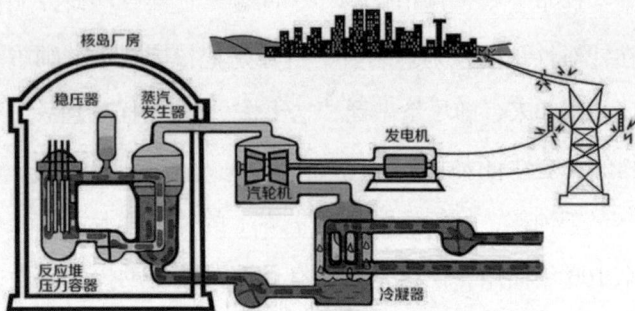

图 2-6 核电站发电原理示意图（见彩插）

核电站分代的主要依据是反应堆设计的不同。

第一代核电站是指 1954 年苏联建成的 5000 千瓦、1957 年美国建成的 9 万千瓦原型核电站。这两个原型核电机组证明了利用核能发电在技术上是可行的。

第二代核电站包括自 20 世纪 60 年代以来陆续建成的压水堆、沸水堆、重水堆、石墨冷却堆等反应堆类型，目前国际上运行的大部分核电机组采用的是第二代核电技术。

第三代核电站包括一些先进的轻水堆、重水堆、高温气冷堆、快中子堆等堆型，一个重要的目标是防止类似三哩岛核电站事故和切尔诺贝利核电站事故的再次出现。我国的"华龙一号"采用的即为第三代核电技术。

所谓第四代核电站，是国际上于 1999 年提出的，总体目标是面向 2030 年，向市场提供可持续、经济性、安全性、废料处理和防止核扩散的先进核能系统。通过广泛论证，以下六种堆型被作为重点研发对象：钠冷快堆、铅合金冷却堆、气冷快堆、超常高温堆、超临界水冷堆和熔盐堆。相信第四代核电站将成为未来低碳能源体系中的重要一员。

问题63：核聚变能将在碳中和过程中发挥作用吗？

核裂变是指一个重原子核被粒子轰击后分裂，从而释放出能量，而核聚变是指两个或多个较轻的原子核（比如氢）在高温下（几百万摄氏度之上）产生融合，从而生成质量较大的新原子核（比如氦）并释放出巨大能量。这种核反应也称为热核反应，我们熟知的氢弹爆炸就属于热核反应。

用于核聚变能发电的主要材料当属氢的两种同位素氘和氚。氘在海水中大量存在。多到什么程度呢？如果人类掌握了可控核聚变技术，那么海水中的氘足以满足人类这个物种在地球上存续时的全部能源需求，可以说是取之不尽、用之不竭。正因为如此，科学家自20世纪中叶发明氢弹以来，一直致力于"驾驭"威力巨大的核聚变能。当时的预言是需要50年，但50年早已过去了，似乎离真正应用还有相当时日。

核聚变在高温下发生，因此首先要提供高温"点火"的装置，这个问题最近已经通过激光点火装置解决。核聚变发生时，温度可高达一亿摄氏度以上，如此高温，地球上是没有任何材料能将其"约束"起来并对汽轮机做功发电的。为此，科学界提出了磁约束和惯性约束两种途径，目前中国科学院的实验装置（EAST）已有约束千秒以上的结果。此外，无论是点火还是约束，均需要外来能量输入，只有产生"能量增益"，这样的核聚变能才有真正的利用价值。最近有美国研究团队称，他们已经实现了输出能量大于输入能量的增益过程。

这些年，核聚变能利用技术有一些可喜的进展，但理性地估计，它真正要达到商业应用要求，还有漫长的路要走。估计在 21 世纪中叶实现碳中和目标时，它还难以提供实质性的帮助。

问题 64：火电会很快被淘汰吗？

在"清洁能源""绿色低碳发展""碳中和""应对气候变化"等词汇构成的国际主流语境中，火电不可避免地会遭人"嫌弃"，甚至被一定程度地"妖魔化"。事实上，在一些绿党势力强大的欧洲国家，这已经形成趋势，即使在我们这样的发展中国家，也已初见端倪。

这就需要我们用历史唯物主义的眼光来理性地看待火电。

火电确实会在一定程度上带来污染，它会排放二氧化碳，但我们要认识到，人类社会在未来一个较长的时期内，还不得不依靠火电，或较大程度地依靠火电。这主要可以从三个方面来理解。首先，人类已经不可能再回到利用柴薪做炊事、取暖的时代。即使人类愿意，地球上每年能产生的柴薪也不够如此庞大的人群使用。其次，尽管我们有丰富的太阳能、风能等可再生能源，但由于其波动性大的天然缺陷，要把这些能源输送出来，必须有两个基本保障：一是要有一部分稳定的电力作为电网的基础负荷；二是储能问题得到解决。水电和核电可作为基础负荷，但远远不够，储能技术在一个时期内也难以发展到可以大面积应用的程度。最后，即使能解决储能的技术障碍并使其有市场竞争力，也不能应付太阳能、风能季节性波动或连日灾害性天气带来的能源短缺，还必须用火电作为应急电源。

总之，在看得见的将来，火电弃不了，也弃不得。

但这样说并不代表火电将长期占据电力的主导地位。随着技术的进步，火电是可以逐步被非碳能源所替代的。在真正替代之前，我们需要做好三件事：一是尽可能地提升火电的能源效率；二是治理好火电厂产生的污染物；三是尽可能用天然气替代煤炭发电。如还有可能，则把火电厂产生的二氧化碳收集起来，或对其进行工业利用，抑或将其封埋地下。这就是在发电领域，煤炭清洁利用的题中应有之义。

问题 65：多能互补是什么含义？

我们经常听到"风光互补""风光水互补""风光水火储多能互补"等提法，这是太阳能和风能得到较多应用后才提出的概念。大家都知道，太阳能和风能的波动性大，大规模直接上网会对电网的稳定性产生影响。若没有其他能源的配合，电网会把风电和光电视作"垃圾电"而弃之不用，前些年我们经常听到的弃风和弃光即源于这个波动性大的天然缺陷。

所谓互补，可狭义地理解为上网之前，不同电源发出的电力互相补充和救济。比如有甲、乙、丙三种电源，乙的优点补充甲的缺点，丙的优点补充乙的缺点，甲的优点又补充丙的缺点。这样互济以后的电，会比单一电源的电更受电网欢迎。对发电厂本身来说，这样的互补也节约了成本，能产生更好的效益。

广义地理解多能互补，则是把发电、储能、电源、终端用户综合起来形成一个互联的系统，通过信息流动和由此产生的合理调控，使整个系统运行得更为高效、顺畅。

在现阶段，多能互补的核心任务应当是最大限度地把太阳能和风能利用起来，使可再生能源在整个能源供应系统中的占比不断提高。

问题 66：碳中和目标推进过程中会有什么样的电力组合？

在碳中和目标下，发电装置组合方式一定会循其逻辑不断演进，这个演进过程的驱动力就是"减碳"二字。

对一些发达经济体来说，人均生活能源消费已不再增长，高耗能、高污染产业已经外移，能源效率随技术进步而不断提高，全社会的人均碳排放总量早已呈下降趋势。因此，只要不再排斥核能，重点发展好太阳能、风能、地热能等利用技术及储能技术，在火电占比并不高的现状下，这些国家的电力组合减碳工作是可以相对"从容"地进行的。

但中国这样的发展中国家会相对困难一些，因为发展中国家的工业化、城市化尚未完成，人均能耗还会增长，技术积累也相对不足，加之火电占比原本就非常高。显然，发展中国家的电力组合演进只有更为"激进"一些，才能实现碳中和目标。

从逻辑上讲，发展中国家的电力组合方式会经历四个演进阶段。第一阶段是控碳电力。在这个阶段，火电还会增长，但要力争使增长量最小化；同时，使电力增长需求的主体通过发展水电、核电、风电、光电来满足。在这个阶段，发展有市场竞争力的储能技术十分关键，同时要把太阳能、风能电解水制氢放在重要地位。

第二阶段是减碳电力。在这个阶段，火电不能再增长，并且要对现有的一部分火电机组进行灵活性改造，使之成为灵活性调节电源。灵活性调节电源不用常年满负荷发电，故可减少一部分碳排放。同时，力争用一部分天然气替代煤炭发电，以促使电力供应系统的碳排放进一步下降。这个阶段的水电开发潜力可能所余不多，安全性高的第三代核电技术甚至第四代核电技术应同太阳能和风能一起来满足社会对电力的增长需求，日渐成熟的储能技术同时为"减碳"提供支撑。

第三阶段是低碳电力。在这个阶段，增长的电力需求应全部由非碳电力来满足，同时淘汰一部分火电机组。

第四阶段是近无碳电力。所谓近无碳，是指还得保留一部分火电作为调节电源和应急电源，其他电力则均来自非碳电源。

在这样的一个演进过程中，一定要使不同电源相互竞争，使市场机制发挥作用，但同时一定要根据国家已定下的目标，运用税收、补贴、产业政策等政府调节手段，以保证电力供应系统的"减碳"能稳步前进。

第二节　电力调节领域

电力供应系统本质上主要做三件事：一是把电发出来；二是把电送到需要的地方去；三是同用电终端保持平衡。在以火力发电为主的时代，因为可以把煤炭运送到需要电的地区，所以当地所建的火电厂可以专门针对用电大户或某个地区的全部用户来供电，尽管存在把电输送出去的需求，但相对较小。在碳中和目标下，火电占比要逐步降低。这意味着在电力消纳区，火力发电和供电的工作要逐步停下来，太阳能和风能将逐步成为发电和供电的主体。而风、光资源不但在空间上分布不均匀，在时间上还有每天的波动和季节性的波动，另外还会有不可预测的极端天气出现。这样一来，把电送到需要的地方去这项工作的难度就会倍增。

为此，电力供应系统需要多种灵活性调节资源，这个调节不但要针对发电侧，也要针对输电侧，还要针对终端用户。发电侧调节的主要目的是对电网友好，受用户欢迎，也就是说，发电侧生产的电除一部分供本地使用外，很大一部分要跨区、跨省输送出去。这就需要"体谅"电网的困难，尽可能做到用户需要时电能送到。电网处在发电系统和用户之间，要把两者无缝连接起来，更不可避免地需要使用灵活性调节资源。至于用户，也要与发电侧和输电侧互动，能够响应其调度指令，灵活运用外来电力和自备的灵活性调节资源（如自备电厂、家用蓄电池、电动汽车电池等）。

大家平常熟知的储能就是最重要的一类灵活性调节资源。储能种类颇多，既有抽水蓄能、压缩空气储能、重力储能、飞轮储能等物理储能技术，也有以各种电池为主的化学储能，还有电磁储能。这些储能装置既可以用于发电侧，也可以同电网匹配，还可以配置到用户侧。

除储能之外，灵活性调节技术还有很多，目前研究较多的有火电机组灵活性改造、车网互动、电转燃料、电转热等。

本节概述各种灵活性调节技术及其应用前景，共讨论23个问题，先从储能谈起。

问题 67：抽水蓄能电站如何工作？

抽水蓄能电站的主体由五部分组成：下水库、上水库、泵站、水轮机发电站，以及上下水库连接通道。这样的电站必须建在上、下水库间的高差足够大的地方。它的工作原理非常简单：当电网有多余的电时，把下水库的水抽到上水库，这个过程将消耗电力；当电网需要补充电时，上水库的水循管道或山洞往下放，驱动水轮机工作而发电。

抽水蓄能电站 100 多年前就已经在国外应用，我国在20 世纪中叶开始建这类电站。抽水蓄能目前是最为成熟的一种储能技术。此类电站既可以对电网调峰（一天根据需要决定抽放次数）、调压，也可以作为应急备用电站；如地形条件允许，可以在火电站或核电站周边建设，用以提高火电或核电的效率。可见，抽水蓄能技术既可以对电站和电网进行灵活性调节，也可以面向终端用户。

利用目前的技术，我们已经可以在上水库和下水库间高差达数百米的山地中建抽水蓄能电站。在自然条件好的地方，上水库如果还有外来水源注入，那就可以额外增加电力；如果没有外来水源，则水只能在上、下水库之间循环，这种情况下会损失一部分能量，即工作效率一般只能在 70% 左右。

我国东部地区多山，适合建设抽水蓄能电站的地形条件比较优越。近些年，相关机构正在对此做勘探规划。相比之下，西部太阳能和风能资源丰富的地区，由于缺少地表水，利用天然山地建抽水蓄能电站的条件不太好，但如果能在西部地区通过挖掘地下深隧道，在天然河流与隧洞间形成落差，那么建此类电站的条件也还是存在的。

问题 68：压缩空气如何储能？

压缩空气储能装置主要由两大部分组成：一是空气压缩装置，它在电富裕时通过压缩机把空气压缩到储气空间中，此为消耗能量；二是发电装置，它在需要电力时，把经过压缩的空气释放并通过燃烧室加热膨胀做功，推动汽轮机转动，再带动发电机发电。同抽水蓄能电站一样，可以利用压缩空气储能技术建成装机容量较大的电站，并可达到接近 70% 的能源效率。

这里说的储气空间，既可以建在地下，也可以建在地上。地下最理想的空间是盐穴，因为盐穴不漏气，密闭性非常好；也可以用采矿、采煤遗留下来的矿洞，但它们一般在使用前要对内壁做密封处理。建在地上的储气空间可以是抗高压的金属大罐，如为了节省地上空间，也可以把金属大罐沉降到水体中。

这样的储能装置既可以用在发电侧，如解决太阳能和风能的间歇性、波动性问题，也可以用于电网的削峰填谷，还可以在实行差别电价的地区形成价低时储气、价高时卖电的商业模式，或作为备用电源。正因为其用途广泛，加之规模可大可小、可靠性强、效率较高、技术要求并不复杂等特点，它被认为是很有前途的储能技术。

比起其他储能技术，压缩空气储能还有另外的优势，比如采用该技术的电站可以持续工作数小时乃至数天，装置建成后寿命长、运行成本低、系统的启 / 停速度快等。但相比抽水蓄能电站，目前国际上已建成运行的压缩空气储能电站并不多，我国也只处在起步阶段。

问题 69：重力储能系统如何工作？

重力储能的原理同抽水蓄能类似，在电力有余的时候，用吊车、卷扬机之类的机械把重物吊到高处以形成重力势能，这个过程相当于储存能源；当需要电力时，重物下降释放的能量用以驱动发电机发电。这套装置应该说技术原理简单、建设门槛低、比较容易操控，但对地形的要求较高，首先得有形成足够高差的地形，比如悬崖、陡峭的山坡、地下竖井等。至于重物，可以用金属、水泥块，甚至沙砾石等，没有特殊要求。

理论上，重力储能由于采用特殊物理介质储存能量，其间机械能做功的能量损耗小，可获得比抽水蓄能和压缩空气储能更高的能源效率；另外，输出功率达到满负荷只需几秒，具有快速响应的优点；还有的优点是地址选择没有抽水蓄能电站要求的那么高，成本投入相对较低，装置建成后的使用寿命长。

但重力储能装置的建设在国际上也是近年才开始，尚在示范和经验积累过程之中，未来情况究竟如何，还有待实践检验。

问题 70：飞轮储能系统如何工作？

同前面介绍的三种储能一样，飞轮储能也是一种物理储能，近些年已获得较大进展。飞轮储能的工作原理可简单理解为：当电力有余时，由电动机带动飞轮转动，把电能转换成机械能；由于飞轮在真空室中转动，因此达到一定速度时，电动机可以维持转动而无须继续耗电，或电力损耗程度很小，这是能量储存过程；当需要释放电力时，发电机开启，飞轮带动发电机发电，由飞轮转动的机械能转换为电能。

在这套装置中，电动机和发电机是一体的。在储存能量时，它作为电动机运行，即由外界的电驱动电动机，再由电动机带动飞轮的转子加速旋转至某个设定的转速；在释放能量时，它作为发电机运行，向外输出电能。发电过程中，飞轮转速不断下降。

飞轮储能的可储能量由飞轮转子的质量和转速决定。为最大限度地提高储能容量，需要减小转子的质量，故对材料的要求很高，目前一般用碳纤维来制作飞轮。同时，轴承带动飞轮转动时，会消耗能量，因此先进的飞轮储能系统多采用磁悬浮系统，由此可减少摩擦导致的机械能耗，以提高储能的效率。

飞轮储能是一种较为成熟的技术，可近乎无限制地充电／放电，无化学污染，在短时电力平衡方面，可以发挥其响应快、效率高的优势，但飞轮储能的能量密度并不高。

飞轮储能的未来发展方向是提高转子复合材料、磁悬浮轴承的品质，完善加工技术和控制技术，用标准化、模块化、系列化的飞轮并联组成飞轮阵列，从而为大容量飞轮储能提供支撑。

问题 71：电池储能的基本原理是什么？

电池早在两个世纪前就被发明出来了。

电池的主要构成是正极、负极和电解质。正极电势高，负极电势低，从而使两极之间产生电势差。这个电势差驱动电解质中的电子从正极流向负极，阳离子则从负极流向正极；负极的电子通过外电路（负荷）流向正极。维持电池工作是通过氧化还原反应进行的，即利用还原剂使负极发生氧化反应并失去电子，氧化剂在正极发生还原反应并得到电子，从而完成电子在还原剂和氧化剂之间的转移。离子在两极之间的溶液中定向移动（阳离子移向正极、阴离子移向负极），以及电子通过外部导体从负极向正极移动，构成一个闭合的回路，使两个电极的反应持续进行，不断产生从正极到负极的电流，从而将化学能转换为电能。电池充电时，就是把外部电能转换为电池内部的化学能的过程。

这样的电化学储能有很多优势，首先是可以根据用户需求，设计生产具有不同功率、不同能量的装置，同时电池响应速度快、外部限制因素少、适合批量化生产和规模化应用。因此，除我们熟知的平常在车辆、家庭等方面的应用外，电池也在电力供应系统的灵活性调节方面（如削峰填谷、提高电网稳定性、可再生能源发电等）获得了应用。

化学储能电池的种类有很多，如锂离子电池、钠电池、铅酸（碳）电池、液流电池、液态金属电池、金属空气电池等，目前得到广泛研发的燃料电池也被视为化学储能电池。

判断化学储能电池优劣常常从能量密度、充电时间、安全性、使用寿命、生产成本等方面入手，当然也得分析不同电池对不同场景的适用性。一般来说，化学储能电池的优劣还会从资源的可获得性、使役期结束后的环保处理成本等方面来判断。

问题 72：锂离子电池如何构成和工作？

锂离子电池已为大家所熟知，我们的手机、许多电动汽车和电动工具、轻型电动车等用锂离子电池作为主要电源。

用于锂离子电池的材料有很多，如正极材料有钴酸锂、锰酸锂、磷酸铁锂、镍酸锂、镍钴锰酸锂等；负极材料有石墨、软碳、硬碳、钛酸铁、硅基材料等；电解质既有液态物质，也有固体有机聚合物。正因为材料的丰富性，目前市场上有不同性能、各具优势的多种锂离子电池，如磷酸铁锂电池、钴酸锂电池、镍钴锰酸三元锂电池等。

锂离子电池工作时，主要通过锂离子（Li^+）在正极和负极之间的移动来形成电流，Li^+ 的移动方向在充电和放电时是完全相反的。放电时，Li^+ 脱离负极，通过电解液向正极移动，使负极富含电子，正极富含 Li^+，从而把化学能转换成电能，形成电流并对外部负载做功（图2-7）；充电时，外接电源促使 Li^+ 脱离正极，通过电解液向负极移动，负极处在富锂状态，由此把电能转换为化学能。

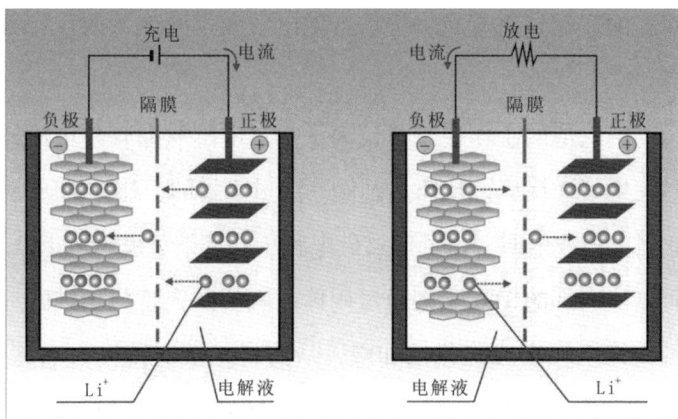

图2-7　锂离子电池工作原理示意图（见彩插）

锂离子电池具有工作电压高、容量大、自放电小、循环寿命长等优点，已成为新能源汽车的主力电池。在储能领域，它也呈现出在削峰填谷、提高电网对风电和光伏等高波动性可再生能源接纳程度上的良好应用前景。

未来锂离子电池发展要致力于进一步发展关键材料和设备、提高安全性、提高比容量和延长循环寿命，以及逐步降低成本等。

问题 73：钠电池如何构成和工作？

目前，钠电池主要有钠硫电池和钠－氯化镍电池两种，它们的电池负极活性物质都是金属钠，前者的正极材料为熔融态硫，后者为固态二氯化镍，二者的电解质均为固态的氧化铝陶瓷管，但后者的电解质中要加入四氯化钠铝二次电解质。

钠电池的工作原理是钠离子透过电解质隔膜与正极材料发生可逆反应，从而达到储存能量之目的。比如钠－氯化镍电池放电时，电子通过外电路负载从钠负极到达正极，而电池内部的钠离子则通过固体电解质陶瓷管与正极的二氯化镍反应生成氯化钠和镍，从而将化学能转换为电能；在充电时，在外电源作用下，电极过程与放电时相反。

钠硫电池的优点是，电池单位质量或单位体积所具有的有效能量较高，可实现大电流、高功率放电，充电效率也较高，故在发电站储能方面，它有一定优势。但是，钠硫电池要求的工作温度较高，其工作时需要额外加温耗能。另外，钠硫电池的成本也较高。钠－氯化镍电池既具有钠硫电池的优点，也有安全性较高、循环寿命长的优点，因此未来在电动汽车和储能方面会有较为广阔的应用前景。

我们有时候还会看到有关钠离子电池的报道。需要说明的是，钠离子电池和钠电池不同，它更接近于锂离子电池，只不过把锂离子电解质改为钠离子，正负极材料基本相似。这种电池在最近几年得到广泛的关注，因为钠离子比锂离子更容易获得，故电池成本要低得多。但钠离子的半径比锂离子要大得多，这样制成的钠离子电池的能量密度就会变小。因此，在体积不是重要考虑因素的应用场景中，钠离子电池就有了竞争优势。

问题 74：铅酸（碳）电池如何构成和工作？

铅酸电池的电极由铅及其氧化物组成，电解质是硫酸溶液。这种蓄电池在放电状态下，正极的主要成分为二氧化铅，负极的主要成分为金属铅；而在充电状态下，正负极的主要成分均为硫酸铅。

铅酸电池的应用已有 100 多年的历史，在交通、通信、电力、照明、军事、航海等领域有广泛应用，应该被视为一种最为成熟的电池体系。但它也有缺点，比如能量密度低、使用寿命短、充电时间长等。

铅碳电池是对铅酸电池的成功改进型，它将铅酸电池和超级电容器两种技术结合在一起，是具有电容和电池双重特征的电容型铅酸电池。铅碳电池对铅酸电池最重要的改进是将高比表面的碳素材料（如活性炭、活性炭纤维等）掺入铅负极中，提高导电性和活性材料的分散性，从而大大提高电池的性能指标，如充电速度、放电功率、循环寿命等，进而使之成为具有较高充放电性能的电池。

铅碳电池是目前铅酸蓄电池领域中最为先进的技术，在光伏电站、风能电站的储能和电网调峰领域均呈现出良好的应用前景，因此正受到国内外可再生能源领域从业者的高度重视。

问题 75：液流电池如何构成和工作？

液流电池是一种大型电化学储能装置，它通过电解质内离子的价态变化实现电能储存和释放。它最大的特点是正负极电解质溶液分开、各自循环。与一般的固态电池不同，它的正负极电解质溶液都储存在电池外部的储罐中，需通过泵和管道把电解质溶液输送到电池（堆）内部进行反应。液流电池的储能活性物质存在于电解质溶液中，与电极完全分开，在电池（堆）内部，正负极电解质溶液用离子交换膜分隔开，由此可根据需求，做模块化组合设计。

全钒液流电池是目前商业化发展的主要技术，它的正负极活性物质均为钒，其储能和释能通过正负极电解质溶液中的钒的价态变化，即氧化还原反应的可逆变化，来实现电能和化学能的转换。充电时，正极发生氧化反应，失去电子，使钒的价态升高，形成高电位；负极则发生还原反应，获得电子，使钒的价态降低，形成低电位。放电时，则过程相反。

作为储能系统，全钒液流电池有一系列优点，比如电池（堆）可灵活设计，以满足实际需求；电解质离子只是钒离子，不会产生相变，故电池寿命长；充电性能好；不会因自放电而产生损耗；使用时无污染；安全性能高；成本较低；能量效率高，等等。可以想见，在大量接入可再生能源的电力供应系统中，液流电池可以在储能上发挥较大作用。

但液流电池的能量密度不高，比如全钒液流电池的能量密度只与铅酸电池相当。此外，金属钒的材料成本波动也较大。

比较成熟的液流电池体系还有铁铬体系、铁钛体系、钒溴体系等。

问题 76: 液态金属电池如何构成和工作?

液态金属电池是近年研发的一种新技术。它的正负极都是液态金属,中间电解质层为无机熔盐,它兼做正负极之间的隔离层。液态金属电池的负极一般为锂、钠等碱金属,或镁、钙等碱土金属;正极一般为锡、锑、铅、铋等金属或它们的合金。要使金属保持液态,该类电池需要在高温条件下工作。

这类电池的工作原理主要是利用正负电极端的电势差。充电时,正极发生氧化反应,失去电子,形成高阶电位势;负极则发生还原反应,获得电子,形成低阶电位势,这就把电能转换为化学能并储存起来;放电时,电子从负极通过外接负载回到正极,使化学能转换为电能。

液态金属电池成本低、容量大、安全可靠,在规模化电能储存领域有一定的应用前景,但其缺点是需要在高温条件下工作,这会产生额外的能耗。

问题 77: 金属空气电池如何构成和工作?

金属空气电池以金属和空气组合而成,其负极是电极电位低的金属,如锂、镁、锌、铝等,这些金属容易被氧化;正极的活性材料采用空气中的氧,氧与金属间形成明显电位差；电解质则一般为碱性水溶液。在金属空气电池中发生的是电气化学反应。在放电过程中，含金属的正极释放的金属离子向负极移动，其表面发生氧化反应并生成金属氧化物。金属离子、电子和氧气在负极多孔碳材料表面发生反应，负极材料本身并不参与反应，只是提供了反应场所。正因为如此，电池容量只取决于这个反应场所的大小，即其表面积的大小。也就是说，金属空气电池易于获得较高的能量密度。

简言之，金属空气电池就是以活性金属为负极、以氧气为正极的化学电池，氧气是通过多孔材料中的催化剂从空气中直接获取的。氧气电极的催化剂是该类电池的关键材料。

目前，已有多款金属空气电池得到研发，如铝空气电池、锌空气电池、镁空气电池等，它们在新能源汽车和电能储存上有较广泛的应用前景。

问题 78：燃料电池如何构成和工作？

燃料电池是把贮存在燃料（比如甲烷、氢气）和氧化剂中的化学能，按照电化学原理，转换为电能的装置。燃料电池一般由负极、正极、电解质、外部电路四大部分及其他辅助装置（如排热装置）所组成。燃料气由负极通入，氧化气体由正极通入。燃料气在负极上放出电子，电子经外部电路传导到正极并与氧化气体结合生成离子。离子在电场作用下，通过电解质迁移到负极，再与燃料气反应。如此构成闭合回路，产生电流而做功。电池的正负两极除传导电子外，也作为氧化还原反应的催化剂。两极一般为多孔结构，有利于气体的通过；电解质起传递离子和分离燃料气、氧化气体的作用，通常为致密结构。

理论上，燃料电池的能源效率可达到80%以上，但由于其本身电化学反应的不完全性、电池的内阻等会产生一些热量而耗能，因此能源效率会比理论值低不少。

燃料电池的燃料可以是天然气、生物沼气、氢气、一氧化碳、甲醇、酒精等；电解质溶液有氢氧化钾溶液、磷酸、塑料薄膜、固态电解质等，因此可发展出多种类型的燃料电池，其优点在于燃料多样和易于获得，对环境友好，电池组合起来可以灵活多样，应用场景较为广泛。尤其是燃料电池作为电力供应系统的灵活性调节资源，具有较为吸引人的前景。许多学者设想，将波动性较大的太阳能和风能转换为氢能，再用氢燃料电池发电来提供灵活性调节资源。

问题 79：超级电容器如何储能？

传统电容器是由两块相互靠近的导体（极板）中间夹

一层不导电的绝缘介质组成的。当在两块极板间加上电压时，电容器就会储存电荷，也就储存了电量或电能。

电容器作为储存电荷的"容器"，就有一个"容量大小"的问题。电容器的电容量在数值上等于一块导电极板上的电荷数量与两块电极板之间的电压之比。

超级电容器是一种介于电容器与电池之间、具有特殊性能的储能装置，它通过双电层和极化电解质来提升电容器储存电量的能力。充电时，电极表面的电荷将吸引周围电解质溶液中的异性离子，使其附于电极表面，形成双电荷层，即构成双电层电容。尽管电容器中有电解质溶液，但在充、放电过程中并不发生化学反应，故超级电容器可重复充、放电很多次。

超级电容器具有充电速度快、循环使用寿命长、能量转换效率高、功率密度高、无污染、安全可靠等优点。在应用上，同飞轮储能系统类似，超级电容器可提供短时大功率支撑，故可与可再生能源发电系统、电能质量管理设备等结合起来以提升电力供应系统的调节能力和响应性能。但超级电容器的单体储能量小、额定电压低，在实际应用中需要把它们串并联起来，因此未来需要解决如何把大量超级电容器做得有更好的一致性，并完成大量单体串并联的问题。

问题 80：电磁储能基于什么原理？

电磁储能有多种形式，电容储能是其中一种。前面介绍的超级电容器结合了电化学储能和电磁储能的特点，由于其在充、放电过程中不发生化学反应，因此也可将其列入电磁储能的范畴。

另一种电磁储能形式是超导储能。超导材料是指在一定低温条件下零电阻及抗磁性（处于超导状态时，如果外加磁场不超过临界值，磁力线不能进入，超导材料内的磁场保持为零）的导体。目前国际上已研发出许多种超导材料，它们的临界温度（出现零电阻和抗磁性的超导状态的温度）各不相同。用这样的超导材料做成线圈，置于临界温度之下，撤去磁场，由于电磁感应，线圈中便有感应电流产生。只要温度保持在临界温度之下，电流便会持续存在。这个特点使超导线圈具备可靠储能的能力。

超导储能的优点是体积小、质量轻、功率大、反应快，能源转换效率可达到 95% 以上，从而可以作为电网或发电系统的灵活性调节资源。当有多余的电时，用它来储能；当需要电力时，它可以快速释放电能。从本质上讲，超导储能也是一种物理储能。

问题 81：储热技术基于什么原理？

热能储存（包括储热和蓄冷，以下简称为储热）是指用一定技术把热能储存于储热材料中，需要时再把热能释放出来加以利用。储热介质多为水、油、陶瓷、熔盐等。储热过程从宏观上看就是介质温度的升降、状态的改变等，从微观上看则是介质分子运动速度或其晶体结构的变化。以水为例，目前电锅炉蓄热系统多以水为介质，以电锅炉为热源，在电网负荷处于低谷且电价相对较低时，用电锅炉将水加热并储存在蓄热水箱中，在用电高峰时段关闭电锅炉，蓄热水箱中的热水可用来满足用户的需求。因此，储热技术可用来为电力供应系统做灵活性调节，提高电厂利用率，节省用户的支出，并且它是绿色无污染的。

目前的储热技术主要分为显热储热和潜热储热两大类。显热储热主要利用介质在没有相变和化学变化的情况下，温度升高时存储热量的能力，前面介绍的蓄热水箱即属于这一类。另外，还可以利用固态物质储热，如陶瓷砖、混凝土、陶瓷颗粒填充床等，熔盐储热和地下储热等技术也已经得到应用。它们的优点是成本较低、安全可靠，并且可以建成较大规模的装置。

潜热储热是指通过储热介质的相变来达到储热目的。除水以外，石蜡等低温相变材料和盐类等高温相变材料均可作为介质。潜热储热的优点是储热密度高、放热过程易于控制。

储热技术可广泛应用于可再生能源发电、电网峰谷调节、工业节能、负荷侧供热等方面，尤其在解决长时电量平衡问题上具有相对优势。

问题82：车联网技术储能基于什么原理？

所谓车联网技术储能，是指利用电动汽车蓄电池的能力，在其充电和放电时与电网互动，从而达到对电力供应系统灵活性调节的目的。具体地说，电网电力充裕时对电动汽车充电，电网需要补充电力时放电（反向给电网输电）。

可以想见，在碳中和目标的驱动下，电动汽车将逐渐取代燃油汽车，社会上的电动汽车保有量将达到很大的数目。我们假定某个时期，有一亿辆家用纯电动汽车，又假定每辆车每天需耗电20度，那么一天的用电量将是20亿度之巨；我们进一步假定这20亿度电有五分之四是随机充取的，但有五分之一是有意识地在用电低谷期充取的，那么就这一个行为，即可对电网产生巨大的调节作用。

电动汽车充满电后，一般家庭都可用几天。也就是说，在充、放电的一个周期中，电网有可能有意识地引导电动汽车用户在适当的时候卖电给电网，即给电网反向充电。

这个车网互动的想法目前还只处于"畅想"阶段，听起来有些"浪漫"，但要真正实现大概会碰到很大困难，比如，买得起车的家庭一般会更看重时间成本，不太可能会为了节约一点儿"小钱"而听从电网的指令。正因为如此，有的学者设想，未来电动汽车的电池不需要由每个家庭自己去充电，而是由大型充电站"代管"，当电动汽车的电将用尽时，直接去充电站换电池，就好比燃油汽车去加油站加油一样。倘若真能这样做，那么车网互动是可以有序做起来的。这样一来，电动汽车的电池作为储能设备就有望发挥作用。

问题 83：电转燃料储能是一种什么样的技术？

电转燃料是指把电转化为可燃烧的能源，主要是气体，比如氢气、甲烷、氨气等；此外，也可以把电转化为液体燃料，如醇类物质。电转燃料的过程是把电能转换为化学能，这样的转换既可以用电网低谷时的电力，也可以直接用可再生能源发电厂所产生的电。转化后的燃料既可以运送到别处，也可以在用电高峰时再次用来发电，故是一种灵活性很强的调节性资源，能实现电能的长时间、大规模储存。

电转氢气由于能利用电网技术上不易接受的那部分风电和光电，因此目前这方面的项目已受到高度重视；电转甲烷是在获得氢气的基础上，加上二氧化碳气体再合成，故原则上是一种负碳排放技术；电转氨气也是在获得氢气的基础上，通过反应器把氮气与氢气催化合成。氨气也是一种清洁燃料，其高位热值同化石燃料相当。电转醇类，比如甲醇，也是一种电能向化学能的转换，甲醇也是一种清洁燃料。因此，电转燃料、燃料再作为能源利用，包括用于再次发电，具备绿色低碳的特点。

电转燃料可以用多种形式向电力供应系统提供灵活性调节资源，包括可再生能源消纳、调峰调频等。由于燃料的可储存性和可运输性，在应对太阳能和风能的长周期波动以及不可预测的极端天气事件方面，电转燃料可发挥独特的优势。随着碳达峰完成并进入碳中和历史阶段，火电的有序退出将是不可避免的。在这样的状况下，用可再生能源转化而来的"绿氢"等燃料就会派上用场。正因为如此，世界上的许多国家制定了氢能发展战略，以期用"绿氢"作为未来实现碳中和的主力能源之一。事实上，近年来全球范围内氢能的产量和利用量都在以较快速度增长。

问题 84：氢能有"颜色"吗？

我们平常听到的"灰氢""蓝氢""绿氢"不是指氢气本身的颜色，而是指它们的生产过程会不会排放二氧化碳。

来自化石燃料的叫"灰氢"。"灰氢"在生产过程中会排放二氧化碳。在目前大部分国家的制氢工业中,天然气和煤炭都是主要的氢气生产原料,这是因为煤气化制氢的成本低,故受到厂家的欢迎。另外的制氢原料有炼厂干气、焦炉煤气、甲醇等。除用工业副产品制氢外,"灰氢"很难被称为绿色技术。

所谓"蓝氢"是指尽管也用化石燃料作为制氢原料,尽管也有二氧化碳气体产生,但在生产过程中把二氧化碳捕集起来,或者利用,或者封存,做到基本上不向大气排放二氧化碳,这样的生产过程应该是绿色低碳的。但可以想见,"蓝氢"的生产成本很高,因为额外处理二氧化碳需要额外耗能。

"绿氢"来源于电解水制氢,并且用的电是绿电,这样生产的氢是一种绿色低碳能源,也只有这样做,氢能才可以在碳中和实现过程中承担"主力队员"的责任。由于电解水制氢比天然气制氢、煤气化制氢的价格要高得多,因此整个国际市场上电解水制氢的占比其实还很低。日本或许是个例外,其盐水电解制氢的产量在其整个制氢行业中已超过一半。日本对电解水制氢的基础研究和工业应用有几十年的研发积累,它是真正把氢能替代化石能源作为国家战略来对待的。

我国的氢能产量和消费量已多年位居世界第一,当然原料也是以煤炭和天然气为主,用焦炉煤气、炼厂干气等副产品做原料的制氢产量也不小。近些年，不同的市场主体（尤其是一些风险投资基金）加大了对电解水制氢的投入，氢燃料电池的前途已被看好。可以想见，我国在未来太阳能、风能装机容量不断扩大的前景下，为保证不弃风、不弃光，电解水制氢的需求将会不小，"绿氢"的应用场景也会相应得到不断扩大。

问题 85：电解水制氢有什么样的技术路线？

电解水制氢是指水分子在直流电作用下被电离，由此在阳极生成的氧气和阴极生成的氢气在电解槽中析出。电解槽中间有一层隔膜，它起到分隔两种气体的作用。根据隔膜材料的不同，电解水制氢有两种主要技术途径，分别是碱性水电解和质子交换膜水电解。

碱性水电解制氢的电解槽隔膜主要由石棉组成，阴极和阳极主要由金属合金组成。在工业应用上，电解槽中的电解液主要采用氢氧化钾，这也是它叫作碱性水电解的原因。碱性水电解制氢技术已应用多年，成熟可靠，设备成本和运行成本均相对较低。碱性水电解制氢的整体效率在70% 左右。

质子交换膜水电解制氢的电解槽构造相对复杂一些，其主要部件由内到外依次为质子交换膜、阴阳极催化层、阴阳极气体扩散层、阴阳极端板等。质子交换膜主要为化学性质稳定、质子传导性能和气体分离性能良好的全氟磺酸质子交换膜，它与扩散层和催化层组成膜电极，是整个水电解槽物料传输和电化学反应的主场所。这种制氢技术的整体效率可保持在 80% 左右，但投资和运行成本较高。

除这两种技术之外，还有高温固体氧化物水电解槽制氢这一技术路线，即采用固体氧化物为电解质材料，非贵金属催化剂、多孔金属陶瓷为阴极材料，钙钛矿氧化物为阳极材料。这项制氢技术目前还处在实验室研发阶段。

电解水制氢成本高是迄今阻碍其大面积生产的主要原因。

问题 86：氢能产业需要建哪些基础设施？

如要使氢能成为像天然气那样的主力能源，除了前面讲到的在生产阶段要做到大规模、相对廉价并且是"绿氢"，还要在储存、运输、销售等环节建立起一整套基础设施。

储存氢气要克服氢气密度小的困难。一种方法是用高压把氢气压缩储存到钢罐中，这样的做法现在国内外已经采用，它的优点是装置相对简单，压缩氢气耗能相对低，充气和排气比较便捷，也能利用车载运输；缺点是有安全隐患，以及单位体积所能盛装的氢气量较小。另一种方法是把氢气液化，这有些类似于液化天然气。液化过程是把氢气降温、使其密度增加的过程，需要额外消耗能量，液化后还得盛装在绝热装置中，以免受到环境的加热而气化沸腾，因此成本较高。与液化天然气的价格相比较，终端用户会发觉液化氢气没有竞争力。第三种方法是用特殊材料制成的有特殊结构的金属来吸附氢气，以达到储存的目的。这种方法不需要低温，也不需要加压，并且安全，因为氢气是与储氢合金结合成准化合物状态而存在的。但是，这种方法也有缺点，比如储氢合金十分昂贵。

除装罐（高压气态或液态）输运之外，氢气也可以在高压状态下通过管道输送。相比于天然气管道，这样的管道建设要求更为严苛。但未来如果真要大规模地输送氢气，那么管道建设是必要的。

把氢气销售给终端用户，就像加油站一样，需要到处都有加氢站。目前全球已建有不少加氢站，以满足氢燃料电池的需求。但是，在目前的状况下，加氢站的建设成本还很高。从上面几点可以看出，氢能价格高在一段时期内还是不可避免的。

问题 87：各主要经济体重视氢能发展吗？

氢能很有吸引力，为此许多国家制定了氢能发展战略。发达国家中，日本在氢能产业链上的研发积累较为雄厚，因此有打造氢能社会的国家战略。在其 2014 年制定的《第四次能源基本计划》中，日本定义了本国氢能发展的时间节点，如 2015 年为"氢能元年"，2020 年为"氢能奥运元年"，2025 年为"氢能走出去元年"，2030 年为"氢燃料发电元年"。

美国在 2014 年发布的《全面能源战略》中，确定了氢能在交通转型中的引领性作用，并把氢燃料电池研发、加氢站建设放到了重要的位置。

欧洲主要国家在氢能发展上都各有侧重，如德国有氢能交通战略；英国在发展氢能交通之外，还试图建立氢气与常规天然气的混合供应网络；法国则希望氢能在交通零排放、电转燃料再转电这样的可再生能源储存上发挥重要作用。

欧洲和日本的风能资源（尤其是海上风能资源）丰富，美国则在太阳能和风能方面都拥有丰富的资源，故把这些波动性大的能源转变为氢能这种二次能源，在碳减排的目标下，确实是符合逻辑的选择。

我国也十分重视氢能的发展。首先，我国的氢能生产和利用多年居于世界首位。其次，我国的可再生能源制氢的条件和用劣质煤制氢的条件很好，所以在国家确定的氢能发展路线图中，将规模化制氢、氢的储存运输加注、氢能交通、氢燃料电池分布式发电等都放到了能源发展的战略性位置。

在此必须指出，如果生产氢能的原料不能从化石燃料转为可再生能源，那么，它在碳减排上的作用将无从谈起。

问题 88：火电能作为灵活性调节资源吗？

火电机组的灵活性资源调节是指它根据电力供应系统的需要，所发的电力可在额定功率（100%）与某个最低百分数（如20%）之间变动，这被称为机组的调峰能力。对现有的火电机组进行这样的改造，可称为灵活性改造。火电机组的灵活性改造除实现它们的调峰能力外，还应该提升其快速启动 / 停止的能力和输出功率的"爬坡"速度。完成这样的改造后，火电机组在以波动性强的非碳可再生能源为主的发电体系中，就有了用武之地。或许，我们还可以进一步预言：在很长一段时期内，经过这样灵活性改造的火电机组是保证可再生能源占比逐步提高，同时保证能源安全的不二法门。

目前所用的火电机组有两大类：第一类为冷凝机组，其在高温蒸汽做功后，留下的"乏热"进入冷凝器重新凝结为水；第二类为具备供电和供热双重功能的热电联产机组，也就是蒸汽一部分用于发电，一部分用于向终端用户供热。根据相关研究，冷凝机组通过等离子燃烧技术和富氧燃烧技术的应用，可以在保证脱硫、脱硝、除尘等环保装置工作的前提下，实现锅炉的低负荷稳定燃烧，使调峰能力介于30% ～ 100%。

热电联产机组的灵活性改造需要增设一些额外装置，比如电锅炉。经过改造，它的调峰能力有望介于40% ～ 100%。

可以想见，在实现低碳电力的过程中，绝没有一蹴而就的可能。非碳电力的增加必定是渐进式的，真正到了太阳能、风能占到大比例的时期，对灵活性调节资源的需求就会变得非常大。这里不得不指出，前面介绍的大部分储能手段，包括抽水蓄能、压缩空气、重力、各类电池，只能用于克服短时间的波动。尽管氢能可以用于克服长时间尺度的波动，比如季节性波动和极端天气事件，但其成本过高。在这样的限制下，对现有的火电机组进行灵活性改造，为保证新能源发电量逐年提升提供了支撑。此外，为应对突发性气象灾害，安全的电力供应系统还得有应急电源。因此，现有火电机组在经过灵活性改造后，还可以作为应急备用电源使用。

问题 89：哪种灵活性调节方式最有效？

前面介绍了那么多种储能技术和灵活性调节方式，一个必然要回答的问题是：什么样的储能技术在调节电力供应系统时效果最佳？现在看来，这样的问题还很难回答。首先应该肯定，所有储能技术都有可能找到应用场景，即在发电侧、电网侧或负荷侧发挥其特殊的应用价值；其次，当整个电力供应系统的发电类型组合不同时，对储能总量和储能系统的性能要求也会不同，因此随着碳中和进程的深入，对电力供应系统调节技术的要求也可能会发生变化。

显然，现在还不是对这个问题给出肯定答案的时候。

但是，从一般的逻辑出发，我们可以肯定，有的储能技术会受到特别欢迎，有的储能技术则也许鲜有应用需求。这将由三个因素起作用：一是成本，它由装置生产成本、能源效率等因素决定；二是环保与否、安全与否，这一点很容易理解；三是减碳的深度，在其他条件相似的情况下，越能深度减碳，储能技术越将受到市场欢迎，因为到一定时候，碳排放量是会被计入成本的。

在这样的分析框架之下，或许我们可以给出这样的推断：未来物理储能技术有可能比化学储能技术更有竞争优势，因为化学储能技术在环保方面存在劣势，也面临资源（比如贵金属）不易获得的问题，而物理储能技术可以做到绿色低碳，且使用寿命较长，安全可靠。

第三节　电力输送领域

从前面的介绍可以推测，未来的电力供应系统比起目前已有的系统，会出现几个变革性因素：一是波动性大的太阳能和风能将成为发电主力；二是对灵活性调节资源的数量和质量的要求都大为提高；三是要把成倍增加的电能从发电集中区（比如我国西部）远距离输送到消纳集中区（比如我国东部）；四是整个电力供应系统中电子装置的数量和类型将大大增多；五是对数字化技术的要求大为提高；六是会碰到一些过去不用考虑的新情况、新问题，比如预测太阳能和风能在小空间尺度、短时间尺度上的变化。

本节主要概述电网需要做哪些科技创新。

问题 90：碳中和目标对电网提出了哪些新需求？

第一是电网规模将成倍扩大。这一点从能源消费结构变化就可以看出，目前我们的能源消费大致是一半对一半，即一半左右用来发电，一半左右用于其他终端消费。未来则应以全面电气化为主，终端消费的化石能源要以电力为主来替代。因此，发电规模至少得比目前扩大一倍，电网也需要相应地扩大。

第二是远距离输电的规模得至少扩大一倍以上。这是因为我国的能源基地在西部和北部，负荷中心在东部，需要通过超高压、特高压线路输送电力。但在以化石能源为主的时代，东部地区都建有大量火电厂，煤炭的输送（北煤南运、西煤东运）规模非常大。要追求碳中和目标，东部的火力发电规模必须大幅降下来，把运煤变成送电将成为最优选择。由此可见，对大电网送电的需求增长量可能不仅仅是"倍增而已"。

第三是区域性电网的发展需进一步贴近产业变化。我国各省（市、自治区）都建有区域性电网，以 220 伏电压为主。未来的电力需求增长会促使区域性电网扩大规模，同时，在碳中和目标下，一些高耗能产业必定会向产电中心转移。可再生能源需要在很大程度上实现就地消纳，由此也需要区域性电网为适应产业结构调整而做出相应改变和完善。

第四是智能化的微电网建设将受到更多重视。由于各地太阳能和风能等非碳能源的丰歉程度不一、能量密度较低、波动性大，这样就适合针对一个特定县域甚至一个园区建设更加贴近用户的分布式微电网。它们应该同时可与大电网兼容互济。

第五是对灵活性调节能力的需求大幅增加。可再生能

140

源常常会"罢工",并且往往会在负荷有需求的时候"罢工",这种发电与用电的不匹配性就要求电网有随时可调用的灵活性调节资源。也就是说,电网一头牵着发电端,需要发电端能通过储能等手段送给电网"受欢迎"的电,另一头牵着用户端,要求负荷也能在一定程度上参与灵活性调节。电网这样的"两头牵"功能就需要"源网荷储"深度融合、灵活互动。

第六是电力市场运行需扩大功能。电力本来就是商品,在绿色低碳电力供应系统中,发电、储能、送电、消纳会出现多样化需求,各环节的成本也会有较大的变动性,市场参与主体会更加多元化。这就需要电网体系能更好地把市场信号与政府意志结合起来,对多样化主体做出既能保证碳中和进程稳定有序,又能保证电力价格适中的有力引导。

问题 91:电网在电力供应系统中处于什么地位?

电力供应系统主要由发电、变配电、输电和用户四大块组成。发电由各类发电厂完成。变配电分变电和配电两种功能,变电有把直流变交流、交流变直流和把电压升高或降低这些操作,配电是在某个区域内把电力分配给用户。输电是指把电厂的电从一地输送到另一地,它既可能是在一个区域内输电，也可能是跨省区输电，还可能在国家间输电。用户也称为负荷，就是经常提到的把电力消纳的主体。电力消纳集中的地区常被称为消纳区，比如我国东部人口密集、经济活跃，就是我国最大的消纳区。

可见，在电力供应系统中，作为输电线路的电网所起到的作用就是"把电输送给用户"。

问题 92：特高压输电线路有什么优点？

特高压输电技术分特高压交流输电和特高压直流输电两种类型。特高压交流输电是指电压在 1000 千伏及以上等级的交流电输送设施及相关技术。特高压直流输电是指电压在 ±800 千伏及以上等级的直流电输送设施及相关技术。特高压输电是在超高压（500 千伏及以上）输电基础上发展起来的。一般来说，电网输电能力同电压的平方成正比，因此 1000 千伏的特高压比 500 千伏的超高压在输电容量上可增加 3 倍以上。

特高压交流输电具有输电容量大、距离远、损耗低、占地少等优点，它是提高输电能力、减少输电走廊、改善电网结构的主要手段。

特高压直流输电除输电容量大、距离远之外，还可以做到点对点输电，以及对非同步的交流电线路作联网之用。

无论是在特高压的技术研发水平上，还是在线路建设上，我国都已处于世界先进水平。在未来的电网跨省（市、自治区）输电中，它将发挥主力作用。

问题 93：电网对非碳电力接入有比例限制吗？

在现实中，电网对非碳电力接入的比例是有限制的，所谓"弃风""弃光"，甚至"弃水""弃核"就是其具体表现。也就是说，这些非碳电力有时候会得不到上网的机会，或者说电网有时候不要它们。

出现这个现象的原因要从发电、输电、用电的关系分析起。说到底，电力供应是为了满足用户的需求。试想在某一特定区域内，其用电负荷在一定时段内是一个大致确定的数值。但这些负荷并不是一天到晚都在工作，因此这个地区每天的用电量就会出现早高峰、中午低谷、晚高峰和午夜谷底这样的波动性变化。对发电和输电来说，午夜谷底的电力是最基本的部分，这个量可称为"基础负荷"，必须保证不间断生产和输送；在"基础负荷"之上到用电高峰点，从供需平衡来看，应该有灵活性发电资源来保证供应。一天之中是这样，一年中的负荷也会有波动，比如夏季达到用电高峰。

针对非碳电力，我们可以看出，核能是很好的"基础负荷"，但它不太具备灵活性调节能力，因为反应堆不能频繁地开启或关停；水能理论上既可作为"基础负荷"，又具备灵活性调节能力，因为水电机组的开启和关停较为方便，但实际上一年中既有丰水期，又有枯水期，真正把库区所蓄的水全部利用还是有困难的，更何况水库还有防洪、航运、灌溉等多种功能，不能仅仅考虑供电；太阳能中的光热发电具有供电、储能双重功能，是电网友好电源，而光伏发电则不然，它在一天中和一年中都有波动，还有云雾雨雪的不期而至，因此它本身既难以作为"基础负荷"，更不具备作为灵活性调节资源的基础；至于风电，可能在一些地区，比如西风盛行区，情况略好于光伏发电，但波动性仍然不可避免。

由此可见，电网要全部"收购"非碳电力，在不增加相当成本、不引入新技术的前提下是做不到的。但是，如果电网不能逐步提高接受非碳电力的比例，碳中和目标就要落空。所以，未来的核心研发任务是使电网能接纳更多非碳电力。

从理论上讲，只要有足够的储能，电网又能对负荷做出足够有力的引导，即引导负荷也参与到平滑波动性中来，非碳电力上网比例就是可以逐步提高的。这里面既需要技术上的创新来提供支撑，也需要管理上的创新来建立有效的运行模式。

问题 94：风、光资源波动可以预测吗？

太阳能和风能在电力供应系统中的比例呈升高趋势。在这样的趋势下，为保证电力的供需平衡，对风、光发电功率的预测（包括不同时间尺度、不同空间范围的预测）就变得十分重要，因为可靠的预测是规划和调度的基础。

原则上讲，这样的预测同天气预报基本上是一回事。我们知道，现在天气预报的基础是数值模式，以及从卫星到地面的气象要素观测数据。数值模式是把地球三维空间分成一定尺度的"格子"，格子之间在物质平衡和能量平衡的限定下，可进行物质和能量的交换。这样的全球数值模式需要在超级计算机上解几十万个数理方程，模式的输出是温度、光照、风力、湿度等气象参数。如果把"格子"的空间尺度缩小，则计算量将大大增加。对特定的风电厂和光伏电厂来说，它们需要的空间尺度远小于天气预报数值模式中的尺度，否则就难以提高预测精度。为此，如何能做到可靠预测，是今后努力的一个重要方向。

此外，是否可以用人工智能的原理和方法，研发出新一代预测模型？比如根据过去积累的大量气象数据，用机器学习方法，使预报的准确性超越已有的数值模式。这样的设想也正在受到重视。

问题 95：如何解决新的电力供应系统的稳定性问题？

所谓电力供应系统的稳定性，是指在给定运行条件（包括发电、储能、输电等方面）的情况下，系统受到扰动后，重新恢复到平衡运行状态的能力。提高稳定性，对保证电力供应系统安全可靠地运行，具有决定性意义。

在传统的电力供应系统中，相互并联的发电机若处于同步运行状态，各运行参数（如电压、电流、功率等）的数值几乎不变，则可认为系统处于稳定运行状态；若受到扰动，这些参数的数值发生激烈振荡等变化，则表明各发电机之间失去了同步性，电力供应系统运行不稳定。

相比之下，未来的电力供应系统会出现两大变化：一是波动性大的风能发电和光伏发电的占比大大提高；二是需要利用更多的电力电子装置。这样的"双高型"电力供应系统的稳定性原理同传统的电力供应系统有本质的不同。也就是说，可再生能源大规模并网后，在各种扰动下容易引发系统内各运行参数大幅度振荡和出现脱网等新问题，从而对未来电力供应系统的安全、稳定运行形成严峻挑战。

未来要做的一项很重要的工作是借鉴复杂系统科学的研究手段和成果，深入理解"双高型"电力供应系统运行的物理机制，建立新的动力学分析框架，探索新的稳定性分析和计算方法。在建立完整的数学模型的基础上，利用动态仿真与定量分析方法，并依托大数据、云计算等数字化技术，建立先进的系统模拟运行仿真平台，为最大限度地消纳可再生能源、保障系统运行的稳定性提供技术支撑。

问题 96：对换流器技术有何新要求？

顾名思义，换流器是进行交流、直流相互转换的设备，它有两大类：把交流电转换为直流电的设备称为整流器，把直流电转换为交流电的设备称为逆变器。

光伏电池产生的电都为直流电，但电网输送的电常为交流电。这就需要通过逆变器对输入电网的电流进行调整，使其与电网具有相同的频率和电压。风力发电机因自然界风量不稳定，其输出的交流电也常常需要通过整流 - 逆变过程来调整。可以想见，随着未来光伏发电、风能发电占比的提升，对换流器技术性能的要求也将随之而提升。

在目前可再生能源发电在总的电能生产中的占比并不高的状况下，绝大多数并网换流器采用"跟网型"控制技术，即这些可再生能源所发电力的"步调"与系统内火电、核电等同步机组保持一致，也就是在这些同步机组的"引导"下完成上网。这个策略在未来会失效，因为未来的电力将主要由可再生能源生产，将出现"无主可跟"的局面。在这样的局面下，电网的主动支撑能力需要由"主动构网型电力电子换流器控制技术"来实现。它能够通过主动提供电力供应系统安全、稳定运行的一系列支撑能力，以弥补火电机组退出后的能力缺失。即使在各种扰动下，系统也能够快速恢复额定电压和额定功率。

目前，由主动构网型换流器实现的电源已经在一些微电网和小型电网中得到应用，预计它的应用将"从小到大"展开，即从微电网、小型独立电网走向区域性电网和全国电网。这个过程估计不会少于10年时间，其间，还有大量的技术难点需要得到解决。

问题 97：数字化、智能化技术对未来的电网重要吗？

未来数字化、智能化技术对"双高型"电力供应系统特别重要，因为它们是提高电力供应系统"可观、可测、可控"水平，使之成为"新型透明电力供应系统"，从而提高效率、安全性及稳定性的关键所在。

"新型透明电力供应系统"是指以可再生能源为主体的电力供应系统，通过融合新一代信息技术、智能技术等，达到一种完全可观测、可控制的状态。

形成"新型透明电力供应系统"，需要电网作为一手牵发电源、一手牵用户的"中间人"，成为完全自动化的电力传输网络，能够及时感知并控制每个用户和电网节点，保证从电厂到终端用户整个输配电过程中的所有节点之间的信息和电能的双向流动。这也是智能电网建设的要义所在。

　　根据有关定义，智能电网建设就是对电网的智能化，是建立在集成、高速双向通信网络的基础上，通过先进的传感和测量技术、先进的设备系统、先进的控制方法和决策支持系统，实现电网安全可靠、经济高效和环境友好的使用目标，从而在容许不同形式发电的接入和提供能满足用户用电数量和质量的要求下，具备抵御攻击、保护用户、抵抗干扰、自我修复等方面的能力。

　　达到这样的目的，需要发展和完善小微智能传感器、数字化智能设备、大数据平台、软件平台等技术。对我国来说，尽早形成自主可控的数字化芯片、仿真软件和微型传感器等技术体系，显得尤为重要。

问题 98：微电网是一种什么系统？

　　微电网是指在某个不大的区域内，利用可控的分布式电源，能根据用户需求提供电能的小型系统。它的主要组成部分包括分布式电源、储能设备、能量转换设备、相对确定的负荷、监控和保护设备、变配电装置等。也就是说，微电网是一个由发电、变配电、输电、用户共同组成的小型电力供应系统。

　　业界对分布式电源有个简单的定义：不直接与集中输

电系统相连的 35 千伏以下电压等级的电源。这些电源既包括像风力发电机、光伏电池板这样的发电设备，也包括储能装置。

这些分布式电源有不少优点，首先是贴近用户，降低了输配电网络的建设成本和长距离输电过程的损耗，其次是具有环境友好、运行灵活、独立安全、建设周期短等特点。因此，围绕分布式电源建立微电网已受到各方重视，它在未来的可再生能源利用过程中应有一席之地。

微电网又分直流微电网、交流微电网、交直流混合微电网、中压配电支线微电网、低压微电网等。

开发和建设微电网有利于分布式电源与可再生能源的规模化接入，保证满足负荷的需求，是实现主动式配电网的一种有效方式，促使传统电网向智能电网过渡。

问题 99：“电源－电网－负荷－储能”灵活互动技术是什么概念？

现在经常谈到的“'电源－电网－负荷－储能'（简称为'源网荷储'）灵活互动”是指电力供应系统的一种新的运行调控模式，它是为了适应可再生能源大量接入电力供应系统的新形势而提出的一种新的技术需求。传统上，电力供应系统的运行调控模式是“源随荷动”，即电源要随负荷的需求而做出改变。但在碳中和目标下，将出现一系列新的变化。一是电源的发电量存在一定的不确定性，这是由风、光资源的较大波动性和不易预测性决定的；二是随着在能源消费终端侧电力替代化石能源的比例提高，负荷侧用电量的不确定性也会增加，从而使负荷的峰谷差值进一步拉大，尖峰负荷持续的时间会缩短；三是负荷侧如电动汽车、智能家居、负荷聚合商、虚拟电厂等新业态将不断涌现，并在参与实时电力功率平衡上显现出巨大潜力，从而使以什么样的商业模式来引导用户的用电行为，变成一个有前景的商业机会；四是参与电力供应系统的主体会大大增加，收益的多元化也将日趋显现。

正因为有上述的新变化，需要未来的电力供应系统进一步增强灵活互动技术，即充分利用新一代人工智能技术和信息通信技术，提升电力供应系统中电源、电网、负荷和储能各环节之间的感知能力，挖掘广阔时空范围内的各类资源及其互补互济能力，做到资源潜力的最大化利用，在保证电力供应系统安全高效、稳定可靠运行的同时，使"源网荷储"四个环节上的各方利益获得平衡互惠。

03

第三章

能源消费端的低碳化

在电力供应系统经过低碳化发展，即在低碳、可再生、绿色的电力供应充足的前提下，用电力、氢能等来替代能源消费端的煤炭、石油、天然气，从而促使碳排放稳定下降，这是实现碳中和目标的根本措施。

第二章从发电、储能、输电等角度介绍了如何实现电力供应系统的低碳化，其中需要再次强调的一个核心观点是，太阳能资源和风能资源是足够的，把它们转化成电力的技术也在迅速发展之中，但要把这些电力输送出来并保证稳定、可靠的供应还是非常不容易的。实现这一目标有待成本可接受的储能技术（尤其是物理储能技术）的发展和应用。简而言之，储能问题不解决，火电就不能退出，电力供应系统的低碳化乃至整个经济社会的低碳化就难以实现。

本章将能源消费端分为建筑、交通、工业、农业、服务业等部门，分别介绍如何从"电力替代""氢能替代"等角度，来对它们做出低碳化的改造。

第一节 建筑部门

对建筑部门的碳排放，有的学者把建筑材料生产、建筑物建造过程、建筑物建成后的运行都统计在内，因此建筑部门的碳排放量可以非常高。但我们在此谈建筑部门的碳排放时，不考虑建筑材料生产和建筑物建造过程这两个环节。因此，建筑物建成后的运行排放如何做到低碳化是本节的重点。

问题 100：建筑物本身的节能化改造潜力大吗？

建筑物本身的节能化改造可理解为改造之后，在保持生活舒适度甚至变得更为舒适的前提下，建筑物内部的取暖、制冷、照明、通风等的用能下降，从而达到绿色低碳建筑之目的。要做到这样，可以从几个角度切入。

一是对建筑物的外形设计进行优化，使之能安装更多光伏电池板，或者说使之能接收更多太阳辐射。如果这样的改造成本合算，则建筑物从纯粹耗能变成有一定产能能力，即自产的电能满足其内部的需求（至少是一部分需求）。

二是增强外墙、屋顶、窗户等的隔热保温能力。比如，外墙和屋顶添加保温层，窗户选择透光性好、隔热性强的玻璃，使之在寒冷季节的供暖需求得以降低，炎夏时节的外部环境热量进入室内的传导能力也得以降低。

三是通过合理的建筑设计，使室内获得明亮的自然采光效果，以减少对人工照明的需求。

四是从通风系统的设计和运行上减少室内用电需求。

总之，建筑物本身具有较大的节能化改造潜力，这一点尤其需要在新造建筑物时予以充分利用。

问题 101：用什么途径实现城镇建筑的低碳化？

城镇建筑的碳排放主要来自炊事用的天然气、取暖锅炉用的煤炭或天然气，此外，照明、家电等用电中，有一部分间接碳排放。

如果未来电力供应系统以绿电为主，那么用于照明和家电的间接碳排放就自然可以降到最低。此外，如果炊事和取暖能够用绿电或地热等低碳能源来承担，则建筑用能的低碳化就可以基本实现。

炊事上用电力替代化石能源是非常容易实现的。这里举一个例子，加拿大中西部是石油和天然气产地，但早在20世纪中后期，该地区的城市炊事已不用天然气，家庭烧饭做菜都用电炉。对我国的城市来说，如果能用电力取代天然气，那么无论是从改善大气质量的角度，还是从减少天然气进口依赖的角度，都是一件好事。但中国百姓有用猛火炒菜的习惯，如何使电炉、电磁炉等更适合家庭炊事需求，以后还得做些研究和改造。

城镇建筑一般是连片供暖，如果今后绿电充裕，那么用电蒸汽发生器取代燃煤或燃气蒸汽锅炉应当是顺理成章之事。此外，我国东部平原区的不少城镇建在地质上所谓"新生代松散沉积物"之上。这些沉积物易于打深钻，适于提取地热，即可应用现有技术，把中深层地热能提取上来，以满足供暖需求。

未来可能还会有一个基本生活需求，即建筑物 24 小时供应热水，这的确是生活水平提高后必须做到的。这方面的供应也可以通过各种用电设备来实现，不必再用煤炭或天然气。

问题 102：如何实现农村建筑用能低碳化？

农村的特点是住户分散。在城镇化过程中，长期居住在农村的人员并不完全固定，并且在未来几十年内，小村并大村、撤乡并镇、农村宅基地重新规划等"运动"出现的可能性都存在。由此，农村建筑物用能应该同整个农村的用能一起规划，因地制宜应是其主基调。低碳化还应该在尊重农村居民意愿的原则下有序、稳妥地推进，应尽量避免为实现用能低碳化而"一刀切"式地推动。

从技术层面讲，农村的用能模式可以是"外来绿电＋地热能＋生物质能＋屋顶太阳能光伏＋太阳能集热器＋柴薪"这样多种能源的互补互济模式，核心目的是尽快替代目前分散式用煤；在有条件的地方，农村的炊事也应该尽量用电。在今后外来绿电能保证供应的情况下，农村的碳排放量是可以大幅降低的。

随着农村居民生活水平的提高，在冬季供暖得到保证之后，夏季空调用电需求也会快速增长。现在看来，在有条件的地区，用地源热泵技术来保证农村建筑物中温度的舒适性应该是一个比较合理的选择。另外，在人口相对集中的村镇，建设直流微电网也可能会在保证用能低碳化的同时，产生一定的经济效益。

问题 103：供暖线南移会增加碳排放吗？

我国将城市集中供暖线定在北纬 33° 线附近，这条线以北，常年观测的 1 月份平均温度在 0℃ 以下。这样的标准是在 20 世纪 50 年代初期定下的，当时我国的经济发展水平很低，交通运输系统非常落后，因此要在更靠南的城市保证集中供暖，无论是交通运输能力、能源开采能力，还是国家财政补贴能力都是不足的。但不得不承认，这条城市集中供暖线的标准是很低的。

秦岭－淮河一线以南，属于我国相对潮湿的地区，冬季时，低温与潮湿相叠加，每年都会有不少阴沉的天气，这种湿冷的日子是很不好过的。随着我国经济社会的发展，社会上希望把城市集中供暖线南移的呼声不少。事实上，一些城市小区已自主建设集中供暖系统，许多居民也自建了各种各样的供暖设施，其中地暖比较受欢迎。

一些学者从温室气体减排角度，希望国家明确规定供暖线不再南移。但现在看来，在社会快速发展的大背景下，这样的规定可能会被认为是不以人民需求为出发点，国家出禁令的可能性不大，当然也不应该出这样的规定。

用市场的眼光看，供暖线南移是发展经济的一个机会。从我国的现有能力来说，满足有供暖需求的地区和居民的能源是不缺乏的。关键还是在此南移过程中，要保证碳排放量不会实质性增长。

从道理上讲，秦岭－淮河一线以南地区的供暖也应采取因地制宜的方式。首先，在地热开采方面有条件的中小城镇，要充分利用地热资源；然后，把本地区具备条件的一些热源（如核电站余热等）充分利用起来；建筑物的保温隔热技术、充分利用阳光照射技术也要进入视野；如果在储能技术得到解决，西部的光电和风电、海上的风电等能够可靠外送时，则结合本地的可再生能源，用电供暖应成为普遍方式。此外，分散式供暖与小区集中式供暖都可以采用，没有必要"一刀切"。

总之，供暖线南移是有可能增加碳排放的，但应对得法的话，其增量应该有限。因此，未来需要以积极的态度来理解和对待供暖线南移这个趋势，同时要把不用煤炭、至多用一部分天然气作供暖之用这个原则落实下去，以保证碳中和目标的实现。

第二节　交通部门

交通部门主要由公路运输、铁路运输、船舶运输和航空运输组成。至于我国的交通碳排放，大部分来自公路运输，其中的主体是私家车和大卡车，并且近年来呈较快增长态势。交通碳减排的核心是如何用绿电和其他非碳能源来替代各种成品油。从目前的技术进步趋势和成本下降趋势考量，这样的替代应该不会存在不可克服的障碍。

问题 104：纯电动汽车能保证碳减排吗？

纯电动汽车由蓄电池提供动力。蓄电池可反复充电，如果充的是绿电，那么可以说纯电动汽车能做到无碳排放。当然这仅仅是针对汽车运行这一个环节而言的，如果把汽车制造、汽车报废后的拆解等全生命周期中的各环节考虑在内，那么完全做到零排放是困难的。但如果能把目前小汽车的燃油排放量降到最低，那么交通领域对碳中和以及在城市大气质量改善方面的贡献无疑是巨大的。

正因为如此，我国在纯电动汽车领域投入了大量资源，这个产业的发展也非常迅猛。据有关部门统计，目前运行的新能源汽车中，纯电动汽车的占比在 80% 以上。

从纯技术层面来讲，纯电动汽车的核心技术在于蓄电池，蓄电池的水平涉及能量密度、续航里程、充电速度、安全性能等。现在的蓄电池主要为液态电解质锂离子电池，其技术性能在近年来进步较快，因此纯电动汽车已拥有较高的用户欢迎度。未来除需要继续提升液态电解质锂离子电池的能量密度和安全性能之外，还应该研发全固态电池、金属空气电池等能量密度高、成本低的新一代蓄电池，从而把纯电动汽车的制造成本进一步降下来。

此外，针对纯电动汽车充电的基础设施建设，以及把电动汽车的充放电能力纳入电力供应的灵活性调节资源中，也是未来的工作着力点。

问题 105：重型运输汽车如何减碳？

我国的长距离、重物公路运输的量非常大。在货物运输体系中，公路载重汽车的占比很高，这样的运输作业用蓄电池是难以替代燃油的，因此近年来氢燃料电池已进入大众视野。

氢燃料电池能将氢气的化学能转换成电能。用这种电能来驱动的载重车，就是氢燃料电池载重车。氢气在转换过程中，同氧气结合生成水，因此氢燃料电池汽车在行驶过程中为零碳排放。当然，目前所用的氢气主要以煤炭、天然气等为原料制备而来，氢气制备过程本身就有碳排放，因此不能说它是低碳能源。如果未来用绿电电解水制氢的成本可以降低到被市场接受的程度，那么氢燃料电池汽车的载重公路运输将可实现零碳排放。

氢气的单位质量能量密度远高于燃油，加上氢燃料电池的能量转换效率高、续航里程长、加注时间短，这些优点是业界看好氢燃料电池汽车的因素。我国氢燃料电池汽车已进入示范推广阶段，公路上已有数千辆氢燃料电池汽车在行驶。

在技术层面上，未来氢燃料电池汽车若要承担目前燃油车的公路载重运输，还有很长的路要走。一方面，把电解水制氢的成本降下来，把生产出的氢气安全地储存起来、运输出去，并且把加氢站建设成一个网络体系，这需要时间、资金和政策的支持；另一方面，氢燃料电池本身还有性价比提升的需求，尤其是在提高比功率、降低成本、增强安全性等方面。

问题 106：铁路运输的低碳化应遵循什么途径？

目前运行的火车主要分电力机车和内燃机车两大类，

前者"烧电"，后者"烧油"。电力机车须在电气化铁路上运行，由于其自身不带电源，故需要铁路沿线的供电系统对其供电。我国引以为豪的高铁就属于电力机车。内燃机车先由燃料驱动内燃机，再由内燃机车头带动火车运动，尽管其运力不及电力机车，但在一些受地形等环境限制的地区，未来仍然有使用价值。

铁路运输的低碳化可以遵循几种途径：一是对铁路进行电气化改造，这样做的一个前提是对电气化铁路所供应的电力应该是绿色的，即以可再生能源所产的电力为主；二是对一些特殊地段、特殊环境的轨道交通，未来可用氢燃料电池作为供能主体，再配上必要的电池和电容作为辅助动力源，这样的机车可做到近零碳排放；三是在运行速度介于高铁和飞机之间，可考虑布置磁悬浮列车，它除具有速度优势外，还有相对节能的优点，这是因为列车是通过电磁力悬浮在轨道之上的，从而排除了列车与轨道之间的摩擦耗能。

问题 107：船舶运输的低碳化应遵循什么途径？

目前，船舶驱动以燃料油为主，因此船舶碳排放也是交通碳排放中一个不小的组成部分。货物水运尽管速度较慢，但其成本低，尤其是在长途运输上，能大大节约运费，因此公路运输改水路运输是未来需要推动的一个方向。这就表明船舶运输低碳化的必要性。

船舶碳减排的重点在于完成燃油替代，目前看未来有三种主要途径可供选择：一是用蓄电池提供动力，这方面的技术理论上应该不难，但不可避免的缺陷是电池续航里程短，或许只适合于短距离、小吨位的内河航运；二是用零排放的氢燃料电池提供动力，大型船舶可自带储氢、加氢系统，氢燃料电池的"充电"问题不难解决，因此在保证长距离运输上不会有明显的困难；三是用液化天然气（LNG）作为燃料，来替代传统的柴油燃料，这样的替代可减少四分之一左右的二氧化碳排放。

目前，除液化天然气动力船舶已有少数服役外，其他两类动力船舶尚处于研发阶段，这里面有一些技术难点需要克服，比如大型氢燃料电池的设计制造。从长远来看，氢燃料电池动力船舶的大量应用是船舶运输行业实现零碳排放的重心所在。

问题 108：航空运输的低碳化应遵循什么途径？

目前的航空运输利用航空煤油作为能源。航空煤油属于一种石油产品，其制作工艺要求比普通煤油高，并添加了共凝胶型催化剂，因此其燃烧性能强、低温流动性好、热值高，可以满足高空低温环境飞行时对油品流动性的要求。正因为航空煤油来自石油，所以它也有碳排放问题，尽管在整个交通碳排放中，它的占比仅为 10% 左右。未来航空业的成倍扩大是必然趋势，因此把航空运输低碳化纳入碳中和视野之中，也是顺理成章的要求。

大部分学者认为航空运输低碳化应着力于研发高质量的生物航空煤油，以它来取代传统的航空煤油。生物航空煤油可以从动植物油脂、农林废弃物、人工培育的藻类，甚至从地沟油中提炼，它的成分同传统的航空煤油一致，所以不需要更换飞机的发动机和燃油系统。由于它从生物质中提炼，因此碳排放不是一个需要顾忌的问题。

生物航空煤油的研发正受到各国重视，我国已成为世界上少数掌握生物航空煤油自主生产技术的国家之一。

第三节　工业部门

本书在第一章中已经提到过，在我国的碳排放总量中，约 70% 是由电力部门和工业部门排放的，而工业部门的排放大户是钢铁、建材、化工、有色金属冶炼这四个领域，因为这四个领域有直接使用化石燃料生产产品的需求。电信等其他一些领域也消耗能源，但不直接燃烧化石燃料，而是用电，而电的排放一般被计入发电部门中，因此这些"其他领域"在碳减排上不存在电力替代、氢能替代这样的问题，而是需要解决如何省着用电的问题。

本节主要介绍钢铁、建材、化工、有色金属冶炼四个领域的碳减排途径，至于工业部门中其他领域的低碳化改造，只做简略介绍。

问题 109：我国能做到钢铁碳减排吗？

我国还处于城市化发展阶段，基本建设需要大量钢铁、水泥之类的材料。据统计，我国年产粗钢在 10 亿吨以上，占全世界粗钢总产量的一半以上。在整个钢铁生产流程中，以目前的技术手段，碳排放是不可避免的，因此我国钢铁行业既是能耗大户，也是碳排放大户。据测算，目前我国钢铁行业的年均总能耗在 5.5 亿吨标准煤左右，其中电力消耗和油气消耗仅占 8%，另外的 92% 为煤炭和焦炭，相对全国的能源消费结构中煤炭占比在 58% 左右这个特点，可见钢铁行业的用煤比例奇高。正因为如此，钢铁行业的碳排放量占到全国总碳排放量的 15% 左右。

从这样的现状看，钢铁行业碳减排的核心是研发出新技术与新工艺，以绿电、绿氢等低碳能源或非碳能源来替代煤炭。从理论上说，这样的替代是可以做到的，但真正要达到工艺成熟、成本合理的阶段还需要较长的时间。因此，不少研究者认为，我国钢铁行业的碳中和之路会分成两大阶段：第一阶段是把余热、余能利用起来，同时开展钢化联产，使整个行业的单位钢产量能耗和排放强度有所下降，与此同时研发、示范用绿色能源替代煤炭的技术和工艺；第二阶段则是推广低碳的富氧高炉、氢冶金、短流程清洁冶炼等新技术和新工艺。

问题 110：余热、余能如何利用？

我国富煤但缺高品位的铁矿石，因此优质铁矿石有赖进口，而冶炼钢铁所用的焦炭则通过自主生产。从钢铁生产流程看，我们可以从炼焦－炼铁－炼钢－轧材几个阶段考虑余热、余能的利用。焦化厂用炼焦炉把煤炭炼成焦炭，高炉把铁矿石和焦炭混合炼成生铁，再通过转炉、电炉等将生铁炼成粗钢，最后通过轧机轧制成所需的钢材产品。

余热、余能的再利用，一个重要方面是用它们来发电。余热发电资源包括焦化厂中为冷却焦炭可带出的热量、烧结工序中冷却废弃物带出的热量、转炉烟气汽化冷却和轧钢加热炉汽化冷却系统产生的蒸汽。根据这些余热来源的不同，有相应的发电技术，今后要做的事是与其他技术相配合，使余热发电系统能稳定运行。

所谓余能，主要是煤气。焦炭生产、高炉炼铁、转炉炼钢均会产生大量的煤气副产品，它们可占炼钢总流程中能耗的三分之一以上。它们都可以被收集后用于发电。

问题 111：钢化联产是什么技术？

钢化联产是指把钢铁生产过程中产生的煤气制成化工产品，主要是用从烟气中分离出的氢气、甲烷、一氧化碳等，合成甲醇、乙醇、甲酸、草酸、乙二醇等化工产品。这相当于煤化工的技术路径，能为节约石油资源和天然气资源做出贡献。

钢铁生产过程中的煤气副产品主要来自高炉、转炉和炼焦炉，其中高炉煤气中的氮气含量较高，一氧化碳的含量虽不高，但总的产量比较大；转炉煤气虽然几乎不含氢气，但一氧化碳的含量很高；焦炉煤气的主要成分是氢气和甲烷。

氢气和甲烷本身是市场需求量大的能源产品；氢气、一氧化碳和二氧化碳可通过甲烷化反应制成甲烷；一氧化碳和氢气在合适的氢碳比下，可合成甲醇；这些基本原料气还可用来合成氨气，进而合成尿素等。

但要真正做到大面积的钢化联产，并非易事。一方面要收集、分离、提纯煤气副产品，另一方面要把它们合成为化工产品，还需要建新的设施，提供额外的能源，以及降低成本。

问题 112：富氧高炉炼钢技术的内涵是什么？

前面已经介绍，钢铁冶炼多采用高炉 – 转炉法，简单地说就是高炉炼生铁、转炉炼粗钢。高炉炼铁时，铁矿石、焦炭和石灰石从炉顶装入，空气中的氧气从高炉下部通过鼓风装置吹入。我们知道，铁矿石中的铁含量一般在 60%左右，其他的成分主要为氧，还有部分氧化硅等杂质。焦炭燃烧产生高温熔解铁矿石，同时产生还原气体一氧化碳和氢气，同铁矿石中的氧结合将其除去，石灰石则作为熔剂同废渣相结合，剩下的铁最终形成铁水。

所谓富氧高炉炼钢技术是指通过鼓风装置送入大量工业制备的氧气，使鼓入气体中的氧气含量远高于空气中的氧气含量，这样可以在不增加鼓风机动力消耗的条件下，强化燃料在风口前的燃烧，从而提高高炉的产量。与传统的高炉炼铁工艺相比，富氧高炉工艺生产流程产生的二氧化碳排放量可减少一半以上，生产效率甚至可以提高两倍以上，因此可达到低碳炼铁的目的。

富氧高炉炼钢技术目前在国内外已有不少应用，但它的工艺还需进一步优化，尤其是在燃烧温度过高时，需提高对生产流程的准确操控能力。

问题 113：氢炼钢技术的内涵是什么？

目前炼钢都用焦炭提供能量，同时焦炭还起到还原剂的作用，即把氧化铁中的氧和铁分离开。铁矿石一般为磁铁矿（Fe_3O_4）和赤铁矿（Fe_2O_3），用碳还原后形成铁和二氧化碳，比如赤铁矿的反应式为：$2Fe_2O_3+3C=4Fe+3CO_2$。氢气是能量密度高的能源，又能起到还原作用。用它作为还原剂，最终的产物是铁和水，无二氧化碳排放。还是以赤铁矿为例，反应式变为：$Fe_2O_3+3H_2=2Fe+3H_2O$。氢气既是优良的还原剂，又是清洁能源。如果氢气是通过绿电电解水获得的，则整个流程将无碳排放，因此可认为这是一种理想的低碳钢铁冶炼技术。

氢炼钢技术有两大类，一为富氢还原技术，二为纯氢还原技术。富氢还原技术是指向高炉中喷吹煤、天然气、焦炉煤气、塑料等富氢物质，纯氢还原技术则是指还原剂全部采用氢气的冶炼方式。

富氢还原技术在国内外已有示范性项目运行，但它只能被称为低碳技术，因为还会有一定量的二氧化碳排放；纯氢还原技术还处于研发阶段，估计离大面积应用尚需较长时日。

问题 114：短流程清洁炼钢技术的内涵是什么？

这项技术是以废钢为原料的钢铁生产技术，简单地说就是用废钢作为原料回炉重炼。同以铁矿石为原料的长流程相比，它省去了转炉炼钢前的几道工序，因此所谓短流程是针对工序减少而命名的。正因为流程短，它的能耗仅为长流程的三分之一，同时省却了焦化、球团烧结、高炉炼铁这些工序，基本没有尾矿、煤泥、粉尘、铁渣等固体排放物，二氧化碳、二氧化硫等废气以及废水的排放量也大大减少，因此这项技术可被视为低碳清洁生产技术。

短流程炼钢的前提是有大量废钢可用。尽管我国钢铁年生产量已占全世界的一半以上，但就大兴土木搞建设而言，我们还是后来者，也就是说早期炼的钢，大部分还封存在各种建筑物和不同设施之中。因此，我国目前短流程炼钢在总的钢铁生产中的占比只在 10% 左右，远低于世界平均水平。随着时间的推移，我国城市更新、设施更新加速的时代将会到来，那时候短流程炼钢的比重必定会增加，钢铁行业的碳排放总量也会呈下降趋势。

问题 115：我国建材行业的碳减排该采取什么策略？

我国建材行业的二氧化碳年排放量在 15 亿吨左右，排放来源主要为水泥、陶瓷和玻璃的生产，其中水泥是重中之重，约占建材行业总排放量的 80%。

我国的压缩式发展是对建材有大量需求的动因，尤其是城市化过程中的大量房地产建设，以及高速公路、机场、港口等基础设施建设都需要大量水泥，因此我国的水泥年生产量世界排名第一，比排名第二的印度高 6 倍左右，人均年水泥消费量也比美国高 5 倍左右。在目前全世界水泥总产量中，我国的占比超过 50%。

但这样高强度的基本建设需求应该已经到达拐点，未来的水泥生产量将呈现逐步下降趋势。在 21 世纪中叶的碳中和阶段，预计我国的人均水泥年生产量会同今日的美国接近。那样的话，我国的水泥年总产量将从目前的 24 亿吨左右降到 5 亿吨以下，碳排放量也会相应下降。除了产量下降，水泥、陶瓷、玻璃生产的碳减排还可以从原料替代、燃料替代、改进工艺以提高能源效率这三方面入手。总之，技术进步将促使建材行业的碳排放量明显下降。

问题 116：水泥生产的低碳化方向有哪些？

水泥以石灰石为主要原料，石灰石的主要成分为碳酸钙（$CaCO_3$）。煅烧过程中，$CaCO_3$ 分解成 CaO 和 CO_2，CaO 是水泥中的主要成分，CO_2 则被排入大气，这是水泥生产排放二氧化碳的主要源头。

水泥煅烧用煤炭作为燃料，因此燃料排放是第二大源头。此外，生产过程中的原料粉碎等工艺流程需要用电，这就会有间接的二氧化碳排放。

因此，对于水泥生产的低碳化路径，最重要的一个步骤是用其他原料替代石灰石，比如用电石渣、粉煤灰、钢渣、硅钙渣、各类矿渣等固体废弃物作为原料，部分地替代石灰石，由此减少原料那部分排放。另一个步骤是用废轮胎、废塑料、废木质物、废旧家具、生活垃圾甚至是含有较多有机质的市政污泥等可燃烧的废弃物部分地替代煤

都需要把原材料破碎、筛分。比如用黄铁矿制备硫酸时，在研磨矿物后，将其放进沸腾炉内焙烧，硫同氧气结合产生二氧化硫气体，炉内温度需要高达 500℃左右。

由此可以推断，无机化工的主要耗能流程有物料制备和炉内焙烧两大部分，如果它们均由绿电来完成，那么其低碳化目标就可大致实现。与此同时，在余热利用、工艺改进、废物利用、污染防治等方面再做好工作，实现绿色低碳无机化工的目标就不太难。

问题 121：石油化工碳减排的主要路径是什么？

石油化工是非常重要的基础工业。石油可炼制成汽油、煤油、柴油、重油等燃料，为交通行业和其他领域提供"血液"。石油化工又可生产出各种基础性化工原料，比如，石油炼制过程会产生各种馏分，石油馏分通过烃类裂解、裂解气分离可制取烯烃和芳烃。烯烃和芳烃为用途十分广泛的基础性化工原料。可以说，国民经济各部门都离不开石化工业。

石油炼制厂的第一个加工装置是蒸馏装置，它根据原油组分沸点的不同将其分离成各种馏分，再根据产品质量的要求除去馏分中不需要的成分，或者通过化学反应，将其转化成一系列石化产品。蒸馏过程需要锅炉生产蒸汽，因此燃料排放（不限于锅炉）是石油化工厂的排放主体。此外，石油化工还会有工艺排放，即生产过程中的碳排放。

从碳减排的角度看，石化行业的重点应该是在用能上做文章，一方面做好节能增效，另一方面用电力替代化石燃料，这一步在绿电逐渐增加的背景下，碳减排效果是最为明显的；此外，一些化工原料生产过程需要加氢，尽可能用绿氢替代灰氢也是碳减排的题中应有之义。

近年来，不少研发机构主张把制氢过程和石化产品制造过程中产生的二氧化碳收集起来，再制成新的化工品。这显然是一条达到碳中和的理想之路，但真正要做到这一点，还有不少技术障碍和成本障碍需要克服。

最后要补充一句：有的学者把成品油使用过程的碳排放也算到石油化工领域中，这显然是不合适的。也就是说，交通碳排放的"冠"不应该戴到石油化工的"头"上。

问题 122：煤化工碳减排的主要路径是什么？

煤化工以煤为原料，用化学方法加工后使其转化成气体、液体和固体产品或半成品，而后可进一步加工成化工产品、能源产品。如大家耳熟能详的煤制气、煤制油、煤制烯烃、煤制甲醇等均属于煤化工。

我国煤炭资源丰富、煤种齐全，煤化工的技术积累也比较雄厚，同时我国又是需要大量进口石油和天然气的国家，用煤炭替代石油和天然气来满足经济社会发展的需要，应该是顺理成章的事。因此，近年来我国的煤化工产业发展较快，它与能源、化工技术相结合，已成为煤炭－能源－化工一体化的新兴产业。

但不得不指出，煤化工除高耗水之外，也是高碳排放产业。有学者估计，我国煤化工产业的年碳排放量在5亿吨左右，在整个化工产业中的占比达一半左右。它的排放一部分来自所使用的燃料，一部分来自原料本身，还有一部分来自化工产品制造过程中的加氢。从逻辑上讲，如果以后用绿电替代燃料，用绿氢替代灰氢，那么是可以在一定程度上减少碳排放的。但在我国缺少天然气的实际情况下，我们还不具备用天然气来替代煤炭作为原料的条件。看来，要真正实现低碳化的煤化工，还得走碳捕集再利用之路。

问题 123：天然气化工碳减排的主要路径是什么？

天然气化工是以天然气为原料生产化工产品的工业。天然气制成的产品主要有氨气、甲醇、乙烯、乙炔、二氯甲烷、四氯化碳、二硫化碳、硝基甲烷等，这些产品在经济体系中用途广泛、需求旺盛。

天然气化工的生产流程包括从地下抽采以后脱水、脱砂、脱硫、分离凝析油等净化处理，产品化学加工过程中的天然气高温热裂解，天然气蒸汽转化制备合成气，天然气经过氯化、硫化、硝化、氨化、氧化制备甲烷的各种衍生物，经蒸汽裂解或热裂解生产乙烯、丙烯和丁二烯等。这些基础性产品还可进一步加工成各种下游产品。

从以上介绍可知，蒸汽裂解和热裂解应是天然气化工碳排放的主体。从减碳的角度看，电裂解炉是使蒸汽裂解装置电气化从而实现碳减排的解决方案，当然其生产设施中的燃煤锅炉也需要进行电气化改造，以待电力供应系统中绿电比例的逐步提高而实现碳减排。此外，二氧化碳捕集和再利用是实现零碳天然气化工的最终解决方案。

问题124：我国有色金属行业的碳减排该采取什么策略？

有色金属通常指铁以外（有的分类也把铬和锰排除在外）的所有金属，它包括铜、铅、锌、镉等重金属；铝、镁、钠等轻金属；金、银、铂等贵金属，以及钨、钼、锂、镧、铷等稀有金属。有色金属的应用非常广泛，其中许多是大宗需求产品，如铝、铜、铅、锌。随着碳中和进程的展开，一些与新能源有关的金属，如锂、钴、镍、铀等，正在成为市场的新宠儿。简而言之，有色金属的生产和储备关乎一国的发展战略。

所谓有色金属工业，我们可以把矿石开采后的选矿、冶炼这两个环节作为其加工主体。讨论该行业的碳排放，可以这样考虑：选矿一般用电作为能源，因此是间接排放；而冶炼有不同方式，归纳起来可分为火法冶炼、湿法冶炼、火法－湿法联合冶炼、电法冶炼这几种。火法冶炼要在高温下进行，包括焙烧、熔炼、精炼等步骤；湿法冶炼在水溶液中进行，包括浸出、液固分离、金属提取等步骤；电法冶炼又分为电化法和电热法。冶炼过程既可能用电，也可能用其他燃料，这个过程是有色金属碳排放的主体，也是碳减排的主要着力点。

根据有的专家估算，2020年我国有色金属行业二氧化碳排放量约为6.6亿吨，铝工业的二氧化碳排放量约为5.5亿吨，其中约4.2亿吨为电解铝的排放。由此可见，铝工业的减排（尤其是电解铝的减排）是整个有色金属行业的"牛鼻子"。铝工业的排放主要来自两个环节，即氧化铝提取和电解铝过程。当前这个行业的节能减排技术研发正成为重点关注对象，同时有不少研究者主张，把电解铝的产能转移到绿电丰富的地区，以应对碳减排的压力。

问题 125：氧化铝提取的碳减排潜力体现在哪几个方面？

铝金属生产首先得从铝土矿中提取出氧化铝，然后从氧化铝中生产电解铝。铝土矿大多是地质时代中风化壳成因的，因此会含有在地表条件下不易风化淋失的元素，如氧化硅、氧化铁、氧化钛以及一些黏土矿物。氧化铝提取就是要把氧化铝从这些杂质中分离出来。长期以来，世界上提取氧化铝主要采用碱溶液提取法，即在高温、高压下用氢氧化钠溶液溶解矿石，先把氧化铝成分溶解到碱液中，然后再经过一些物理化学步骤获得氧化铝。

从前述内容可知，提取氧化铝的过程可大致理解为选矿过程。我国的铝土矿杂质较多，在提取氧化铝时必须在高温、高压下进行。这样的过程耗能大，并且提取率相对较低，留下的尾矿处理起来也比较困难。因此，如何对低品位的铝土矿进行合适的处理，形成高品位的矿石，然后再用前述的碱液法提取，这是提高效率、节约能源的一个方面。这方面的技术还有待研发、改进。

第二个方面在于碱液体系的改进。前述氢氧化钠法提取须在 260℃ 以上才能反应，后来有研究发现钾系亚熔盐法，可把反应温度降低至 220℃，由此使二氧化碳排放量降低 20% 左右。

总之，还是那个观点：如果未来有充裕的绿电，那么氧化铝的现有分离技术是可以保证二氧化碳减排的。

问题126：电解铝的碳减排潜力体现在哪几个方面？

生产电解铝以氧化铝为原料，以冰晶石为主的氟化物体系为电解质溶液，采用碳为阳极，铝液为阴极，在960℃的高温下进行电解。在电解过程中，氧化铝溶液进入熔融的氟化物熔盐中，因在阴极获得电子而被还原成金属铝，阳极则生成二氧化碳气体和一氧化碳气体。铝的电解有两方面造成碳排放：一是保持电解槽的高温环境；二是阳极上的反应。因此，电解铝的碳减排应该从低温电解、阳极材料取代、电解槽优化这三大方面着手。

低温熔盐电解技术正在研发过程中，它需要解决温度降低后，氧化铝溶解度也随之而降低的问题；此外，一个很有吸引力的前沿研究方向是离子液体的低温电解铝技术，它以氯化铝为铝源，电解槽的温度可降至100℃，阴极析出固体铝单质，且无二氧化碳排放。

传统电解槽阳极为消耗式的碳素，电解过程中会产生二氧化碳排放，取代型研究应采用惰性阳极，反应过程中只产生氧气，不产生碳排放。

电解槽的优化目标是把传统散热型电解槽改为保温型，以达到减少电解槽热损失、提高能源效率之目的。总之，电解铝的碳减排还有待于技术的进步。

问题 127：废铝回收再生能促进碳减排吗？

一个国家一旦进入城市发展需通过更新来提高城市品质的阶段，废旧物资的回收再生利用就必定会成为重要的产业，这个产业也可以成为节能减排事业的一个重要组成部分。我国已面临这样一个阶段：城市更新正越来越受到重视。

铝具有很强的抗腐蚀性，在使用过程中的损耗很低，并且其基本特性不会在使用过程中消失，因此铝的再生利用价值很高。废铝一般在预处理后通过重熔熔炼再生。生产再生铝的能耗不到生产新铝的 5%，二氧化碳排放可减少 95%。

但是，现行再生铝技术需克服的一个困难是不能去除废铝合金中的其他元素。正因如此，铝合金一次又一次再生后，其他元素的占比就会逐步提高，从而使再生铝失去其应该具有的性能。对此，也有不少新技术在研发中，其中一项是低温熔盐体系再生铝保级技术，它在 600℃以下，以废铝合金为可溶阳极、以纯铝为阴极进行熔盐电解。电解过程中，可溶阳极中的铝在阴极铝板上沉积，而阳极中的其他元素则沉降到电解槽底部。这项技术的碳排放量只有原铝生产的 30%。

还有的技术采用 100℃以下的离子液体体系，也是以废铝合金为可溶阳极、以纯铝为阴极进行低温电解。结果也是可溶阳极中的铝在阴极铝板上沉积，其他元素则沉积到电解槽底部，从而实现废铝合金的完全再生。据估计，该技术的能耗也只有原铝生产的30%～40%。

问题128：其他有色金属提取也能做到碳减排吗？

有色金属的冶炼传统上都需要对矿石加热熔融或溶解，比如用热还原法冶炼铜、铅、锌、锡，用热分解法冶炼金、银、铂等，一些活泼金属则用电解法，如电解钾、钙、钠、镁。这样的作业或用燃料，或用电力，总之不是有直接碳排放，就是有间接碳排放。同前面介绍过的碳减排方式相同，如果绿电充裕，那么要实现有色金属冶炼领域的低碳化，至少在技术上是没有多少障碍的。

最近一些年，对有些硫化物矿石的细菌堆浸技术，在低品位矿床的开发利用上得到较大的发展，比如过去用浮选法选矿，一吨金矿石需要含数克金才有开采价值，而用化学和生物的堆浸方法，一吨矿石只需要零点几克含金的品位即有商业开采和提取价值。对一些重要的有色金属，比如钴、镍、锂等，新的选矿与提炼技术也在研发之中。这些方法追求低能耗、高效率，目标是使低品位矿石也有利用价值。

当然，金属冶炼本身总会遇到程度不同的环保问题，我们在研发节能减碳的冶炼技术的同时，也要注重环保，至少不能增加环保治理的成本。

问题 129：食品加工行业碳减排的主要着力点在哪里？

根据有关部门的估计，目前我国食品加工行业二氧化碳的直接排放和间接排放总量每年约在 5000 万吨左右，碳排放的来源主要有四个方面：一是原料生产，二是加工制造，三是污水处理，四是包装运输。从耗能角度看，主要有蒸汽发生系统的耗煤和耗天然气、工厂通风和空调运行的用电、各种设备运转时的耗电，以及产品运输时的耗油。

如果统计一国的碳排放量，那么工业体系中的任何一个行业都可能与其他部门或行业重复计算。比如我们前面说到食品加工行业的几项碳排放，耗电显然可以算到电力部门头上，运输耗油可以算到交通部门头上，只有化石能源的消耗才真正是这个行业作为"原始消费者"产生的碳排放。正因为如此，我们可以这样理解：对于有的环节涉及的碳减排，这个行业本身是无能为力的，比如食品加工行业对电力的减排就是这样，但它可以通过节约用电来主动作为；而对于另一些环节涉及的碳减排，这个行业必须承担起主体责任，比如食品加工行业把化石燃料的使用量减下去，或用电力来替代。本节接下来要介绍的几个行业其实都有这样的特点。

回到食品加工行业的碳减排，首先是用电力来替代蒸汽发生系统的用煤，然后是在各环节做好节能工作，再一个是减少过度包装所产生的碳排放，还有就是做好余热的利用。这个行业需要在工艺上和设备上做好准备：一旦外来的绿电足够，由行业本身造成的碳排放就可以降到最低程度。

问题 130：造纸行业碳减排的主要着力点在哪里？

纸制品在我国有很大需求，因此造纸行业企业数量多、产量大，二氧化碳排放量（包括间接排放量）每年估计在 8000 万吨左右。从排放来源分析，主要有以下五部分：一是生产过程所用的化石燃料，二是消耗的外来电力和热力，三是石灰石作为原料时分解出的二氧化碳，四是造纸废水厌氧处理时的排放，五是废纸回收再生过程中废水脱墨处理工艺流程所产生的排放。

如何着手碳减排？一是通过节能改造提高能源效率，比如已经被一些先进企业所采用的连续蒸煮、余热回收、热电联产、蒸汽冷凝回收等；二是对原料的充分利用，如回收树皮、废木料、废水处理过程中产生的甲烷、制浆过程中产生的黑液，利用它们代替一部分燃料；三是从造纸的各个环节入手，节约用水，减少废水产生量，也能实现部分减排。从减碳终极目标考虑，更重要的是实现绿电对化石燃料的替代。

问题 131：纤维制造行业碳减排的主要着力点在哪里？

纤维制造行业是基础性材料产业，我国一年的化学纤维产量超过 6000 万吨，其中 80% 以上为涤纶。有学者估计，我国纤维制造行业每年直接和间接排放的二氧化碳在 5000 万吨以上。因此，化纤行业的绿色低碳发展也很重要。

纤维制造行业的碳减排同前面介绍的几个行业类似，首先得从减少化石燃料的使用入手，实现电力替代和能效提增。然后是从原料入手，其中一个特别重要的方向是用生物基化学纤维来替代从石油转化而来的化学纤维。生物基化学纤维有新型纤维素纤维、生物基合成纤维、海洋生物基纤维和生物蛋白纤维四大类，它们可在服装、纺织、医疗、包装等行业得到广泛应用。生物基纤维原料来自动植物，没有碳足迹问题，同时具有可降解性，对环境相对友好，应是未来通过原料替代实现碳减排的一条重要途径。再一个是从废物回收再生入手，大量的化纤制品，如废旧衣服、包装物、膜材等，均应该通过回收再生。这方面的技术还需要进一步突破，尤其是如何获得受市场欢迎的产品，是一个至为关键的问题。

问题 132：纺织行业碳减排的主要着力点在哪里？

纺织行业事关国计民生，是国民经济的支柱性产业。纺织品的原料主要有棉花、麻丝、蚕茧丝、羊毛、羊绒、化纤、羽毛、羽绒等，因此纺织行业有棉纺、麻纺、毛纺、丝绸、针织、印染等子行业。我国纺织业产量居全球第一，出口和内需均很旺盛，但这也带来高耗能和严重的环境污染问题，其直接和间接的二氧化碳排放量合起来估计超过一亿吨。

从碳减排的目标出发，纺织行业首先应该减少对煤炭和天然气的直接依赖，转而使用地热、太阳能等可再生能源和电力来替代化石能源；与此同时，我国纺织行业的印染、后整理等环节高耗水、高耗能、高污染问题如能得到一定程度的解决，则排放问题也会得到一定程度的缓解，这就需要加强低碳意识，着力改进工艺流程，提高技术水平；此外，我国废旧纺织品的量非常大，但回收率低、再利用率低，如何改善这一点应该进入减排的议事日程中。当然，倡导勤俭节约，主动拒绝对服装的过度消费，在绿色低碳话语体系下，应该成为社会新风尚。

问题 133：医药行业碳减排的主要着力点在哪里？

医药行业是关乎人民福祉的重点行业。它包括较多门类，如化学原料药和制剂、中药材、中药饮片、中成药、抗生素、生物医药制品、生化药品、放射性药品、医疗器械、卫生材料、制药器械、药用包装材料等。尽管其产业门类多样、从业者众多，但从二氧化碳减排的角度来说，其实同前述的几个行业一样，主要着力点是一致的。

第四节　服务业和农业低碳化

前面对建筑、交通、工业这三大部门的低碳化做了介绍，加上电力供应系统的低碳化，应该说整个国民经济体系低碳化的主要内容已经基本包括在内了。但讲到这里，你可能会有一个疑问：难道服务业和农业的低碳化任务不重吗？本节主要对这样的疑问给出简要回答。

问题 134：服务业碳减排的主要着力点在哪里？

服务业的覆盖面非常广，从业人员非常多，有的服务业也是用能大户，比如电信服务业，随着数字技术对国民经济不同部门的赋能，其能耗会在总量较高的基础上继续呈增长趋势。但从碳排放统计的角度看，服务业以间接排放为大头，比如它们消耗的电能会统计到电力碳排放中，电信服务业就是这个情况。还有，餐饮业的天然气利用应该统计到建筑碳排放中去，物流业的燃油排放会被统计到交通碳排放中去，其他服务业可如此类推。

因此，服务业要实现碳减排，一方面要厉行节约，提高能源效率；另一方面应该在有条件的地方用微电网建设等手段尽可能多地利用可再生能源，包括对地热的开采利用；此外，关键在于用电能、氢能、生物质能等替代化石能源，从而使服务业的直接碳排放降到最低，间接碳排放的减少则有待绿色低碳电力的发展而逐步实现。

问题 135：农业碳减排的主要着力点在哪里？

农业是一个生态系统，它在整个生态系统的碳循环中是相对活跃的一个组成部分。根据一般的理解，农业主要包括种植业、畜牧业和渔业。从碳循环（既包括排放，也包括固碳）的角度看，种植业和畜牧业最为重要。庄稼种植依靠水和肥的加入，通过光合作用把大气中的二氧化碳固定到生物质中，但这种固定只是暂时的，因为生物质一般在较短的时段内即被消耗，固定下来的碳就会返回到大气中。对这个环节，如果设法使更多的有机质固定到土壤中，则返回到大气中的碳就会少于光合作用固定的碳，这个过程就可以理解为"负排放"。

对像我国土壤这样耕种了几千年的土壤来说，有机质在历史上被消耗的程度较高，也就是说，土壤中的有机质处于"亏空"状态，因此具有较大的潜力，可通过人为作业使种植用的土壤起固碳作用。这样的人为作业包括秸秆还田等方式。

我国的农业机械化发展较为迅速，目前农业机械的年柴油消耗量已在 2000 万吨以上，这是一个纯粹产生碳排放的领域。今后，如何提高燃油效率，发展油电混合动力机械或纯电动农业机械，应是农业碳减排需要特别重视的一项工作。

农业的温室气体排放除了二氧化碳，非常重要的一个方面是甲烷（CH_4）和一氧化二氮（N_2O）排放，它们来自稻田和畜禽养殖。我国是水稻种植和畜牧业大国，在这两种温室气体的减排上应该还有较大潜力。有学者估计，我国农业直接和间接排放的二氧化碳总量约为 2.2 亿吨；如果把甲烷和一氧化二氮换算成二氧化碳当量，则分别为 4.7 亿吨和 3.6 亿吨，数字非常大！从这个角度看，农业的温室气体减排工作还是需要予以高度重视的。

说到这里，我们要明确三个概念：一是农业的碳排放总体上可被放入"土地利用变化排放"这个"大口袋"，而土地利用变化排放在总的人为碳排放中，占比为 15% 左右，它不仅仅包括农业作业，还包括林业方面的活动，因此农业排放与工业排放不可等量齐观；二是全球陆地生态系统整体是起净固碳作用的，即陆地生态系统不但能把土地利用变化产生的那部分碳排放固定下来，还能固定另外部门（如工业部门）产生的一部分碳排放；三是由于精确监测、估算甲烷和一氧化二氮的排放量很困难，因此目前还很难把二者纳入到减排议程中去。

最后，我们应该对农业碳减排持平衡和审慎的态度，因为农业的利润低，保证食物供应的任务又重，如果纯粹为了碳减排而加重农民的负担，或者增加粮食短缺的风险，那就得不偿失了。

问题 136：我国农田土壤目前是碳源还是碳汇？

所谓碳源，是指其为碳排放源头；所谓碳汇，是指其在起固碳作用。我国有很好的土壤普查制度，国家每隔数年就会对农田土壤做一次普查，这包括对典型农田土壤的理化特性分析。一些研究团队十分关注土壤的碳平衡问题，比如中国科学院在几年前就针对我国森林土壤、草原土壤、农田土壤等做过大面积采样和分析。目前研究人员得到的一致结论是：我国大部分农田土壤的碳含量在增加之中，即我国农田土壤整体上是碳汇。

有学者分析，我国农田土壤碳含量的增加主要由三个因素贡献：一是农作物总体生物量增加导致植物根系也相应增加；二是国家加大了对秸秆还田的支持力度，根据粗略的统计，我国秸秆还田的比例在改革开放之初不到25%，现在已增加到60%以上，这一点同时得益于农村用柴薪、秸秆做炊事、取暖的需求大大减少；三是施用化肥和有机肥的增加使土壤肥力增高。根据相关学者的估计，这三个因素的贡献率分别为30%、40%和30%。此外，免耕或少耕技术的推广也有利于土壤有机质的积累。

这里面也可以从历史角度分析更深层的原因。特别重要的一点是，我国的农田土壤经过几千年的利用，总体肥力或有机质含量经历了长时期的下降，即土壤碳整体上处于"赤字"状态。改革开放以来，农村的炊事、取暖等不再依靠柴薪、秸秆，土壤有机质含量经过拐点以后而呈增加趋势，这应是意料之中的。但是，一些地区的土壤，比如东北黑土地的有机质含量还在呈下降趋势，这就是近些年中央政府和地方政府都十分注重黑土地保护的原因之一。

问题 137：稻田甲烷排放有办法减少吗？

甲烷的增温潜势强。有研究表明，在100年的时间尺度上，单位质量甲烷的增温潜势是二氧化碳的29.8倍。有学者估计，我国约4亿亩水稻田每年向大气排放甲烷约800万吨，这大致相当于2亿吨二氧化碳的排放。水稻田排放甲烷，需要在水持续淹没环境下产生厌氧条件，在甲烷菌的作用下，把土壤腐殖质、水稻根系分泌物、微生物残体等有机物质还原成甲烷气体。这些甲烷气体的一部分在土壤表面氧气含量高的区域被细菌氧化成二氧化碳和水，没被氧化的那部分则会通过植物通气组织、气泡等方式排放到大气中。

甲烷减排尽管还没有在应对气候变化的议程中被落实到操作层面，但大气甲烷含量在增加是观测事实，因此如何做到甲烷减排，至少应该是科研工作的一个重要任务。目前的研究表明，水稻田水分管理制度的调整应该是减少甲烷排放的一个重要措施。这是因为甲烷菌将有机质转化为甲烷需要厌氧环境，而厌氧环境的产生需要水稻田较长时期地被水淹没，如果在水稻生长期中间，有适当的放水烤田作业，那么甲烷产生量就会较大幅度地降低。如果这样的定期烤田能做到不影响水稻产量，则水稻种植既可以节约用水，又可以促使甲烷减排。

近些年，稻鱼共生、稻鸭共作、稻田养蛙等生态养殖作业在一些地方受到重视。应该说，这些作业是有利于甲烷减排的，因为鱼、鸭、蛙的活动可促使氧气进入稻田的水中，从而抑制还原（厌氧）环境的产生。

问题 138：有办法实现农田一氧化二氮减排吗？

一氧化二氮的增温潜势很强。有研究表明，在 100 年的时间尺度上，单位质量一氧化二氮的增温潜势约为二氧化碳的 300 倍。有学者估算，我国农田土壤一氧化二氮的年排放量约为 40 万吨纯氮，把纯氮换算成一氧化二氮，则它的增温效果超过 2 亿吨二氧化碳，略大于甲烷。

土壤排放一氧化二氮，物质条件是氮素的存在，促成氮素转化的是土壤微生物，外界条件则是土壤的氧化 – 还原环境变化。这里面需要了解两个很普遍的氮素转化反应：硝化作用和反硝化作用。硝化作用在土壤好氧环境（氧气有余）下进行，由微生物将铵离子（NH_4^+）氧化为亚硝酸根（NO_2^-）和硝酸根（NO_3^-）离子；反硝化作用是在厌氧环境（氧气不足）下，由微生物将硝酸根还原成一氧化二氮（N_2O）和氮气（N_2）的过程。

对一氧化二氮排放来说，施用化学氮肥是最为重要的影响因素。据一些学者估计，我国每年因施用化学氮肥而引起的一氧化二氮排放可占总一氧化二氮排放的将近一半；此外，有机肥料的施用也可以引起一氧化二氮排放。因此，节约用肥、精准施肥，改变施肥方式（如缓释肥料、测土配方施肥）等技术的应用，有利于一氧化二氮减排。

此外，畜禽养殖业是农业温室气体（甲烷和一氧化二氮）排放的大户，它们来自反刍动物胃肠道发酵和粪污发酵。但相比于农田管理，如何做到畜禽养殖业的碳减排，目前看来似乎措施并不那么确定。

04

第四章

固碳领域

从前面两章的介绍可知，从碳排放一侧论，要真正做到零排放在很长一个时期内几乎是不可能的。比如在发电端，尽管可再生能源的资源量非常大，从技术的角度把电发出来也没什么困难，但人类不能控制天气变化，一旦在风力、光伏电厂集中的区域出现连日阴雨天气，电力就会供应不上。在这样的情况下，尽管可以通过更大区域内发电资源之间的互补互济来解决一部分问题，但没有应急备用电源还是不行的。这个应急备用电源用核电来承担是不现实的，因为核电厂不能一会儿开，一会儿关，更何况该不该在内陆地区（比如我国西部）建核电厂，还是一个很难取得共识的问题。这样一来，我们就不得不依靠火电来承担应急备用电源的功能。我们在前面的章节中还提到，在应付可再生能源每天的波动性上，火电作为灵活性调节资源，几乎也是不可或缺的。由此可见，火电的全面退出在很长时间内将不具备条件。尽管美国总统拜登提出美国要在 2035 年实现"零碳电力"，但我们还没有看到其操作层面上的方案，只能暂时认为他这个"承诺"只是西方政治人物惯用的口号而已。

同时我们应看到，要在能源消费端做到零碳排放也是不太现实的。比如水泥是碳排放大户，这是由煅烧水泥所用的原料为 $CaCO_3$ 这个事实决定的，把 $CaCO_3$ 煅烧成 CaO，就会产生大量 CO_2。尽管今后可以想办法加大原料替代力度，但从目前的各种条件看，做到完全不用 $CaCO_3$

似乎还比较遥远。

因此，经济社会活动还会有一部分"不得不排放"的二氧化碳。要真正实现碳中和目标，就需要通过人为努力，把这部分碳固定下来。

人为努力固定碳主要有三条途径：一是通过生态系统的保育固碳；二是把碳收集起来，固定到大宗工业品中去；三是把碳收集起来，封存到地下或海洋深处。对这三条途径，我们如果从实用价值出发来评价，显然把碳封存到地下深处是"不合算"的，因为这个过程除消耗人力物力外，并不产生可见的价值。为此，一些学者主张在地下深处封存二氧化碳气体的同时，把它用作采气、采油时的"驱动剂"；把二氧化碳收集起来，通过工业过程，把它转化为工业产品，这在理论上和技术上都可以实现，但这个过程也要耗能，能否被市场接受，还是要根据具体产品作具体评价；至于通过生态系统的保育、建设，使陆地和近海的生态系统多多固定碳，这个过程的投入相对于产出应该是比较合算的，毕竟生态系统建设好了，它的服务价值也是巨大的。正因为如此，把生态建设作为固碳的重点，是当今科技界的共识。

本章将重点回答有关人为固碳的一系列问题。

第一节　生态系统固碳

　　生态系统有森林（包括灌丛）、草地（包括荒漠）、湿地、农田、内陆水体、近海等多种类型，它们均可以通过人为操作和努力，在固碳领域发挥一定的作用。本节围绕三大方面的问题展开：一是如何定量评估生态系统的固碳作用；二是我国的陆地生态系统在过去一二十年内发挥着什么样的固碳作用；三是面向碳中和目标，我国的陆地生态系统还有多大的固碳潜力。

问题 139：如何理解陆地生态系统固碳的重要性？

　　我们先从人为排放出来的碳的归宿讲起。在第一章中，我们已经讲过，工业革命以来的人为碳排放来自两大源头：一是化石能源的利用，二是土地利用条件的变化。二者排放的二氧化碳进入三大碳储库：一是大气，二是海洋，三是地表系统。由于大气 CO_2 浓度是众人关注的重点，因此我们有以下方程：

$$大气_{碳增量} = (化石能源 + 土地利用变化)_{碳排放} - (地表 + 海洋)_{碳吸收}$$

从以上的平衡方程可知，要阻止大气二氧化碳的过快积累，一方面需要减少化石能源利用量和防止土地利用变化过程的碳排放，另一方面则要促使地表和海洋多吸收二氧化碳。在这样的关系中，我们同时要看到，人类利用化石能源，是同全球人口增长、工业化发展、生活水平提高等因素密切相关联的，从某种程度上说，减碳不是人类主观愿望一下子所能决定的。这听起来有些让人沮丧，但自从《京都议定书》签订以来的 20 多年的历史就可证明减碳的难度。也就是说，这 20 多年来，全球人为排放的二氧化碳量是在逐年增加的。

这样一来，我们在努力减少碳排放的同时，自然会把眼光放到固碳作用上，即地表和海洋固碳能力的发挥上。海洋非常浩瀚，目前来看，要到海洋上去人为做文章，殊为不易。因此，如何通过地表系统多固定碳就成为重点考虑的方面了。由此可知陆地生态系统固碳的重要性。

这里要特别指出，前面平衡方程中列出的地表系统，在大多数文献中被称为陆地生态系统。一般情况下，这两个概念可以互用。但严格地讲，地表系统的概念要大于陆地生态系统。从实际的碳固定来看，一些地表过程，比如地下水系统对碳的固定是确实存在的，因此用地表系统比用陆地生态系统更为严谨。然而从可以"人为努力"这个角度说，促进陆地生态系统固碳的提法则更为确切明了。

问题 140：陆地生态系统固碳的主要过程有哪些？

陆地生态系统通过植被的光合作用从大气中吸收二氧化碳，将其转化为有机物质，同时它又通过呼吸作用把碳返回大气中。假如陆地生态系统中的土壤、植被、湿地、农田等没有受到过人为扰动，光合作用固定的碳和呼吸作用返回的碳在总量上是基本相等的，即二者处在动态平衡之中，因而对大气 CO_2 浓度变化影响不大。比如，工业革命前的近一万年中，大气 CO_2 浓度基本上处在 280ppmv 这个水平，说明这个动态平衡能力很强。

但当陆地生态系统受到人为扰动之后，或当气候条件等发生变化之后，光合作用的固碳量和呼吸作用的返回量就不一定一致了。目前全球的陆地生态系统就处在这样的状况下，因为许多土地经过长期耕作，大多处于碳"亏空"状态，一些森林被砍伐之后，次生森林处在尚为年幼的生长期，许多草原的过度放牧问题也处在"改善"过程之中，加之大气 CO_2 浓度的升高和许多地区水－热条件的改变，总体上有利于陆地生态系统固碳能力的提升。

从这样的分析可知，陆地生态系统固碳水平的提升，根本上来自两大过程：一是地表植被有机质总量的提高，这个提高的主体来自森林，而草原和农田等生态系统所能起的作用相对较小；二是土壤有机质的增加，它既可以来自森林，也可以来自农田、草原等。假如把湿地中固定的碳也算到土壤头上，那么理论上土壤的固碳潜力是非常大的，因为土壤碳库的总碳储量是大气碳库的数倍。

森林植被固碳一方面有赖于森林本身的生长能力，另一方面有赖于人工造林。说到这里，可能有读者会提问：森林长到一定程度后，其固碳能力是不是会消失？确实，成熟森林的固碳能力会弱化，但这些森林通过砍伐并重新造林后，又会成为新的固碳体系，砍伐下来的木头如被做成家具等物品，则已经固定下来的碳将在很长时期内不会返回大气。

说到这里，我们还得进一步解释一下地表系统固碳和陆地生态系统固碳的差别。陆地生态系统固碳主要有地上植被固碳和地下土壤固碳两部分，土壤固碳一般以地表往下一米为统计对象，其中根系也计算在内。而地表系统固碳事实上会大于陆地生态系统固碳，这里有几个具体过程可以为此证明。一是我们前面说到过的地下水系统固碳，这主要来自干旱半干旱地区。干旱半干旱地区的土壤呈碱性或弱碱性，富含钙离子，降水形成的土壤水溶解有碳酸氢根离子，在其下渗过程中会同钙离子一起下移进入地下水系统，这样的地下水系统达到饱和后会形成碳酸钙沉淀。干旱半干旱地区在全球的分布面积非常大，而地下水系统又是一个活跃的因素，因此尽管这个固碳作用不易直接观测，但可以想见其量不小。二是水土侵蚀作用产生的固碳。土壤侵蚀在绝大多数地区或多或少会发生，土壤侵蚀的同时，存在于土壤中的有机碳会被搬运到河床、湖泊或河口沉积下来，这也是一个不小的固碳过程。比如说，在西伯利亚等一些寒冷地区，人类活动的强度很小，但其河水因有机质含量非常高而呈黑色，表明有机质会以各种方式进入河流，最终同泥沙一起沉淀而被固定。风蚀作用也会把碳同粉尘一起从陆地搬运沉积到海洋中。此外，如前所述，土壤固碳一般只计算地表以下一米的范围，而对一些特殊的生态系统，这样统计可能会不全，因为植物根系可以扎得更深。

因此可以这样说：陆地生态系统固碳是整个地表系统固碳的大头，但不是全部。

问题 141：海洋固碳的主要过程有哪些？

海洋固碳有化学过程、物理过程、生物过程和地质过程四大类。

海洋和大气界面是一个非常活跃的系统，二者进行着大量的物质和能量的交换。我们知道，随着大气二氧化碳分压的增高，更多的二氧化碳会溶解到海水中；随着深部海水温度的降低、压力的增高，更多的二氧化碳可以溶解到深部海水中。由于海水溶解碳的储量是大气圈的数十倍，因此海水的化学溶解作用可以吸收大气圈中的大量二氧化碳。这是化学过程所起的固碳作用。

物理过程固碳同浅部海水向深部的运动过程有关，也就是说，溶解在浅部海水中的二氧化碳通过海水的物理过程运动到深部。这个过程在海水下沉地区表现得特别明显，当然在上升流地区也会把深部海水中的二氧化碳带到浅部，并向大气圈释放二氧化碳。

生物过程固碳则同海洋生态系统中的一系列运动过程有关。浮游植物在海水上层通过光合作用，吸收溶解在海水中的二氧化碳，把无机碳转化为有机碳；浮游植物通过食物链把有机碳传导给各级浮游动物；浮游动物在生长过程中的排泄物、浮游动植物死亡后的残体的一部分会沉淀到海底，一部分会在细菌作用下分解为溶解有机碳；溶解有机碳在海水的垂直混合作用下也会沉淀到海底，或保存在深部海水中。

所谓地质过程，实际上是指海水中溶解的二氧化碳以碳酸氢根的形式同通过河流带入到海水中的钙离子相结合，形成碳酸钙沉淀。它本质上也是一个化学过程，地质历史上的石灰岩就是通过这个过程形成的。

根据全球碳计划项目的评估报告，人为排放的二氧化碳中的 23% 可以被海洋吸收，这个数量应该是相当大的。但这里需要指出，评估海洋吸收大气二氧化碳的数量时用不同模型会得出差别较大的结论，这也是没有办法之事，因为海洋这么大，完全靠数据观测是难以获得精确结果的。

陆地生态系统可以通过人为努力增加二氧化碳固定量，那么海洋可以做到这一点吗？以目前的知识看，除近海地区可以通过红树林保护和建设、海洋养殖业发展等起些作用外，要做到大面积的人为固碳似乎还没有有效的办法。二三十年前，有美国学者建议通过在太平洋的一些区域增加海水中的铁元素来促进浮游生物固碳能力提升，但这个建议后来并没有获得证据支持，因而已不再被人提起。

问题 142：如何理解土地利用变化造成的碳排放？

土地利用变化是指土地的用途改变，比如砍伐森林后土地用作农田，农地退耕后用作林地或草地。由此可见，土地利用变化既可能导致此土地变成碳源区，也可以使其增加碳吸收量而变成碳汇区。这就是在碳减排语境下，国际社会非常关注土地利用变化碳排放的原因。

要获得相对精确的土地利用变化二氧化碳通量的数据，需要把陆地表面按经纬度分成等比例格子，比如以 $0.25° \times 0.25°$ 为一格，根据一定的观测参数，评估每格的碳循环，然后在区域尺度内或国家尺度内统计碳排放和碳吸收的总量。这样的工作既有国际组织在组织开展，如联合国粮农组织，也有国际学术界在合作开展，如全球碳计划项目。

从这样的介绍可知，要获得精确的排放数据或吸收数据是非常不容易的。事实上，从科学研究的角度论，我们也很难证明不同组织、不同项目给出的数据哪个更为精确。举一个例子，全球碳计划项目在 2020 年发布的数据表明，2010～2019 年期间土地利用变化造成的全球年均二氧化碳排放量约为 57 亿吨；而其 2021 年发布的数据是，2011～2020 年期间该值为 41 亿吨，二者竟差了 16 亿吨之多！

但是不管怎样，有一点是明确的，即目前全球陆地生态系统整体上是碳汇。还是引用全球碳计划项目的数据，2010～2019 年期间，全球人为排放的二氧化碳为年均 401 亿吨，其中土地利用变化造成的排放量为 57 亿吨，而陆地生态系统（确切地说应该是地表系统）的碳汇量为 125 亿吨，表明全球陆地的净碳吸收量约为 68 亿吨二氧化碳。

世界资源研究所的数据表明，全球近年来陆地净碳吸收量最大的国家是中国和俄罗斯，其次为美国；而排放量位居前列的国家有巴西、印度尼西亚、刚果（金）等。吸收量大的国家显然是由于注重了生态建设和保育，排放量大的国家主要是由于较大范围地砍伐热带森林。

回答完以上几个问题，我们还要强调一下这样的概念：在全球碳循环的各分量中，大气每年留存了多少二氧化碳是可以精确测定的，化石能源利用所产生的碳排放量也可以获得较为精确的数值，而土地利用变化碳排放、陆地生态系统碳吸收以及海洋固碳量则因为空间上太过复杂多样，很难做到精确测定，目前各家给出的数据只能被视为估算值。

问题 143：如何获得陆地生态系统碳储量及固碳速率的数据？

获得不同空间尺度的生态系统碳储量及固碳速率的数据是一项基础性工作，因为它们为评价一个国家或一个地区的固碳现状和固碳潜力提供了科学支撑，同时可以用于生态系统管理工作。

所谓碳储量，就是指生态系统已经储存下来的有机碳总量，它由三个部分组成：地上植被的有机碳、枯枝落叶层的有机碳以及深及一米的土壤有机碳。所谓固碳速率，主要是指单位时间内（一般用一年）这个生态系统增加了多少有机碳。要测定这两项数据，有多种方法，其中用得最多的是样地调查法和涡度相关通量观测法。

样地调查法注重野外的实地调查，是一个"笨办法"，但从样地中获得的参数可以相对精确。在一个区域尺度的生态系统中，找适当数量、适当面积的"样地"，通过实际测量，分别确定它的地上植被、枯枝落叶层以及一米内的土壤层的碳含量，这是第一步；第二步是确定这个生态系统的总碳储量，简单地说就是把面积乘上参数即可。当然在开展工作前，还需要把总测量面积内的生态系统分成几种典型的子系统，并测定各子系统的分布面积。至于用样地调查法测定固碳速率，只需要对同一样地做同样的逐年调查，即可获得所需数据。

从这样的介绍可知，虽然样地调查法的原理简单直观，但在开展具体工作时，必然会由于测量人员的主观判断而出现一定的误差。当然，这样的调查也非常费工费力。

涡度相关通量观测法是把科学仪器安装在固定的站位，实时、连续地测量某一生态系统与大气之间的二氧化碳交换通量。这样的测量可长期进行，对一个小尺度的特定生态系统来说，它可以获得较为精细的结果，但要把少量的点上的观测拓展到一个更大的空间上去，也势必会产生一定的误差。

除了这两种方法，用得较多的方法还有遥感反演法和模型模拟法。遥感反演法基于卫星和航空观测的数据，再根据相关参数和模型来获取所需数据；模型模拟法先是根据生态学的理论建立相应模型，然后在特定的环境要素下，用模型模拟出生态系统的物质和能量循环，最终算出所需数值。

以上的方法各有优劣，如需更为可靠的固碳数据，可能还要考虑多种方法的交叉验证、统筹利用。

问题 144：我国陆地生态系统碳储量的现状如何？

我国幅员辽阔、气候条件多样，因此陆地生态系统类型非常之多，从高原到海岸带，从热带到寒带，从荒漠到森林，空间变化非常大；同时我国是文明古国，土地开发的历史很悠久，真正"原生"的生态系统已很少见；特别是近些年来，我国特别重视生态文明建设，生态面貌处在快速改善之中。正因为有以上的三个特点，在我国测定陆地生态系统的碳储量，会遇到较大的挑战，需要投入较多的人力和物力。

我国一直重视野外生态站的建设，典型的生态系统都建有野外观测站，有长期的数据积累；哥本哈根气候变化大会以后，中国科学院承担国家任务，组织上千人员，对我国不同生态系统的碳收支状况做了广泛调查，积累了海量数据。因此，我国关于生态系统碳储量的数据在世界上是较具权威性的。

数据显示，2004 ~ 2014 年期间，中国陆地生态系统的总碳储量为 3653 亿吨 CO_2，其中地上植被的碳储量为 555 亿吨，土壤的碳储量为 3098 亿吨，即土壤（包括根系和枯枝落叶层）的碳储量是地上植被的 5.6 倍左右，而草地的土壤碳占草地生态系统总碳的 94% 左右。在这 3653 亿吨的总碳储量中，森林 / 灌丛（1520 亿吨）和草地 / 荒漠（1424 亿吨）两个生态系统共占约 80%。

从空间上看，碳储量高的地区主要分布在寒温带（如东北）、中温带湿润区（如淮河流域山区）和热带亚热带湿润区（如西南和华东、华南等山区），而干旱半干旱地区（如西北、华北西北部）的碳储量偏低。

从 20 世纪 80 年代到 21 世纪 10 年代，全国陆地生态系统的总碳储量的增幅是非常大的，比如森林 / 灌丛生态系统从 1252 亿吨增加到 1520 亿吨，草地 / 荒漠从 1326 亿吨增加到 1424 亿吨。这个明显的增长主要来自各级政府对植树造林和生态建设的重视，但气候条件的变好也是不可忽略的因素。

问题 145：我国陆地生态系统固碳速率的现状如何？

我国陆地生态系统处在以较快速率固碳的过程中，这是国内外相关研究者的共同结论，但具体到定量数值是多少，不同研究者获得的认识还是有差距的。联合国粮农组织（FAO）的报告认为，中国大规模开展植树造林和退耕还林还草工程，使其陆地生态系统呈现出碳吸收状态，其中 2019 年的吸收量达到 6.5 亿吨 CO_2。

中国科学院的相关研究报告则认为，从 1979 ～ 1985 年期间到 2004 ～ 2014 年期间，中国陆地生态系统的平均固碳速率约为 11 亿吨 CO_2/年，远大于联合国粮农组织给出的数据。对这二者的差别，一些专家倾向于认为，联合国粮农组织的数据只针对生态建设而固碳的那个部分，对本来就存在的人工次生林等处于生长阶段的森林的固碳作用则没有计算在内。

还有一套比较详细的数据是根据"中国通量观测研究网络"积累起来的观测数据而统计得出的。具体数值是：2000～2018年期间，中国陆地生态系统年均"净生态系统生产力"约可折合为54亿吨CO_2，其中农林草产品收获后的"碳移除量"为33.6亿吨CO_2左右，还有动物取食、火灾、土壤侵蚀、挥发性有机物排放等产生的"碳泄漏量"为7.4亿吨CO_2左右，因此最终的净固碳速率约为13亿吨CO_2/年。

另外还有一些利用生态过程模型和遥感反演分析获得的评估结果，各种模型的结果差异也很大。但对不同模型的结果进行平均后，一个基本数值是：1980～2018年期间，平均固碳速率约为8.8亿吨CO_2/年；这些模型的结果还表明，从1980年到2018年，中国陆地生态系统固碳速率呈逐年增长趋势。

综上所述，中国生态学界的相关专家得出比较一致的观点：2010～2020年期间，中国陆地生态系统比较可信的净固碳速率为11亿～13亿吨CO_2/年。

说到这里，我们可以看出，中国对全球生态系统固碳的贡献是非常大的。前面介绍过，全球土地利用变化的碳排放量为 57 亿吨 CO_2，陆地生态系统年固碳总量为 125 亿吨 CO_2，两项相减，全球生态系统年净固碳量为 68 亿吨 CO_2，而其中中国就占了 11 亿～ 13 亿吨。考虑到我国陆地面积只占全球的 6.5% 左右，这个数值显然体现了近年来中国生态建设所做出的重大贡献。

问题 146：陆地生态系统持续固碳的主要机制是什么？

这是由多个机制共同起作用的。第一个机制是二氧化碳的施肥效应，即人为排放导致大气 CO_2 浓度增高，使植物的光合作用增强，植物的生产率也随之提高。对二氧化碳的施肥效应，科技人员曾经做过很多人为模拟实验，发现大气 CO_2 浓度增高对小麦、水稻、大豆等作物的增产作用尤为明显。有研究人员认为，当前陆地生态系统的碳汇量增高，60% 的贡献应来自大气 CO_2 浓度的增高；在 1995 ～ 2014 年期间，大气 CO_2 浓度每升高 1ppmv，全球陆地生态系统的年均碳汇量就会增加 1.1 亿～ 3.0 亿吨。

第二个机制是大气氮沉降。它是指大气中的氮元素以 NH_x 的形式降落到陆地上和水体中的过程，而大气中的这些氮元素主要来自矿物燃料燃烧、化学氮肥的生产和使用、畜牧业的氮排放等人为过程。氮元素是重要的营养元素，大气氮沉降一方面会影响陆地生态系统和水生生态系统的生产力和稳定性，从而带来水体富营养化等问题，另一方面则会促进森林中和草原上的植物生长。

第三个机制是气候变暖。大气 CO_2 浓度增高会导致全球变暖，这会提升大气圈总体"保持水蒸气"的能力并增加水面水汽蒸发量，从而至少使一些地区的降雨量增加。水－热条件同时变好为植被加快生长提供了有利条件。比如，我国青藏高原在全球变暖条件下的变绿，西伯利亚和加拿大北极圈等地区的变绿，甚至我国西北部沙漠地区的植被覆盖度增加均同这个过程有着成因上的联系。

第四个机制是人类有意识地保护生态、人为扩大森林面积，包括在城市、乡村、道路旁种植各种树木，使得生态系统固碳的主体得以扩大。

第五个机制是植物自身的生长规律。在一个生态系统中，随着植物自身的生长和人为干扰的减少，光合作用产生的有机干物质会不断得到积累。它们在腐烂后作为营养物质进入土壤，并同土壤中的矿物质风化所产生的无机元素一起"反哺"地表植物，由此进入良性循环。

第六个机制是农村很少或不再采集柴薪。这一方面是城镇化过程中劳动力从农村转移到城镇所造成的，另一方面是农村的炊事也进入了使用天然气和电力的阶段。也就是说，砍拾柴薪来做饭烧水在我国的大部分农村已成为历史。

问题147：我国陆地生态系统的固碳潜力有多大?

这是一个非常核心的问题，因为固碳潜力的大小在很大程度上决定了我国在实现碳中和目标时，能源消费和水泥生产还可以排放多少二氧化碳。

要估计生态系统未来的碳汇能力，一个最大的不确定因素是未来气候条件难以精确预测，因为气候变化会受到太阳辐射强度、温室气体浓度、大气气溶胶浓度、陆面过程、系统内部的振荡等多种因子的影响，其中一些因子是难以预测的。正因为如此，目前相关专家只能通过设计不同的"情景"，用模型来"预估"未来有可能出现的不同气候"状况"。这里面最主要的参数是温室气体浓度，其他气候变化的"驱动因子"可以保持现状不变，也就是说先设置不同的大气 CO_2 浓度情景，然后运用全球大气动力学模式，来模拟不同"情景"下的气候面貌，这样可以最终输出全球性和区域性的未来气候条件。

从这个简介可知，未来大气温室气体的浓度肯定会增高，只是增高程度有别而已，因此预估出来的未来全球气候变化的主基调一定是持续变暖。

在全球变暖的背景下，其他气候参数会如何变化，生态条件又会做出什么样的响应？要回答这样的问题，一方面可以利用各种理论模型的模拟结果，另一方面也可以根据古气候学的研究成果，这是因为在地球历史上，比目前温暖的气候条件是屡次出现过的，这样我们就可以根据"相似型"原理，来推测全球变暖条件下，一地是变湿还是变干，生态条件是变好还是变差。当然，最近几十年的变暖历史也会对不同生态系统未来的变化趋势给出"启示"。

碳汇能力主要取决于生态系统类型，生态系统类型主要取决于气候条件，气候条件变化可认为主要决定于温室气体浓度，而这几个环节之间的"链条"是可以用理论模型串起来的。基于这样的认知，未来碳汇的估测就成为可能。

在全球变暖的背景下，中国不同区域的气候条件会怎么变？这样的变化对生态系统的固碳能力会产生什么样的影响？针对这样的问题，学术界普遍的认知是我国季风区的降水量会有所增加，降水带也会向北迁移，无论是古气候学界的研究成果，还是最近几十年的气象资料都有这样的"指向"。至于我国西北的干旱区，尽管我们经常看到声称"西部将变江南"的互联网文章，但学术界尚未有人发表过如此乐观的预测。比较普遍的看法是，西部的降水量可能会有一定程度的增加，但干旱、半干旱的总体面貌不太可能在未来几十年、上百年的时间尺度上有所改变。

基于这样的认知，一些生态学家对我国陆地生态系统的未来碳汇能力做了理论上的模型模拟。这样的模拟以 10 年为时间间隔，所用模型有多个，它们由不同的团队研发，最终结果用的是多个模型的平均值。

总的结论是，我国现有生态系统在自然变化条件下，未来每年的净固碳能力在 10 亿吨 CO_2 左右，如果进一步在有条件的地方发展森林，加强湿地保护、黑土地保护、草地恢复等生态建设，则还有每年新增 2 亿～3 亿吨 CO_2 的固碳潜力。总之，12 亿～13 亿吨 CO_2/年的净固碳潜力存在于我国的陆地生态系统中，这个数值比目前的净年碳汇能力略高一些。

问题 148：我国的自然固碳潜力主要来自何处？

前面讲到，我国陆地生态系统的自然固碳能力未来每年在 10 亿吨 CO_2 左右，加强生态建设的人为措施，还有增加 2 亿～3 亿吨 CO_2/年的潜力。对此，尚需要做出更为详细的说明。

我国生态系统的自然固碳潜力最大者是森林/灌丛，这一点在全球都是相同的。根据遥感影像数据，我国当前森林面积约为 190 万平方千米，约占国土总面积的 20%，并且大部分森林的"林龄"较短，尚在成长发育过程之中。可以想见，森林在其自然演替过程中，其固碳能力也会相应变化，林龄从小到大增长的过程中，单位面积的碳密度一般会增高，但林龄发展到成熟阶段或过熟阶段，森林继续固碳的潜力就会接近消失。

我国森林普遍林龄较短的原因之一是改革开放前，我们是农业社会，工业基础薄弱，木材砍伐后作为建设资源的需求很大，灌丛采伐后作为柴薪的需求也很大，因此除一些人烟稀少的偏远山区外，大片的原始森林分布面积很小。我国现在的森林主体为人工次生林，大部分是改革开放以后封育起来的，转化为成熟林到过熟林还需很长的演替时间，这是我国森林自然演化过程中有较大固碳潜力的根源所在。

第二大潜力在草地 / 荒漠。我国草地面积大数在 60 亿亩，荒漠面积更大。草地、荒漠的自然固碳过程同气候湿润程度的关系最为密切，比如在一些草地和荒漠的过渡区，只要降水量略有增高，草地就会向荒漠区扩张，由此产生固碳效应。所以说，仅就"自然固碳"这个角度论，草地 / 荒漠对气候变化的敏感性最大。从古气候研究结果看，我国北方湿润程度会在变暖背景下增加，这有利于荒漠地区的增绿；此外，我国近些年十分重视退化草地的恢复，这也会给草原 / 荒漠生态系统增加固碳带来助益。但增暖也会增加地表蒸发量，因此模型一般很难对此给出很"乐观"的结果。

第三大潜力在农田和湿地。这二者尽管分布面积广，但从固碳角度来说，很难区分自然过程固碳和人为措施固碳，因为农田虽有固碳潜力，但它的潜力发挥还得靠到位的田间管理措施；湿地固碳能力尽管从单位面积来讲可以很大，但要真正增加湿地面积也是一件不容易做到的事。

因此，我们可以得出这样的结论：我国的自然固碳潜力主要在森林。

问题 149：如何实现我国的生态建设固碳潜力？

除前面介绍的自然固碳潜力外，还有生态建设固碳潜力。要实现生态建设固碳潜力，投入 / 产出效果最好的应该还是扩大森林种植面积。前面介绍过，我国已有的森林覆盖率在 20% 左右，面积达 190 万平方千米。根据一些专家预测，我国非农用地上，可新增造林面积约为 50 万平方千米，它们每年可新增固碳量约为 1.32 亿吨 CO_2。另外，城市建设中大量的行道树、公园、小区植树，还有北方地区的防风林、公路两边的绿化带、农村的"分散式"树木种植，加在一起也会是一个相当大的固碳"载体"。这个数字到底有多大，还需要研究人员建立合适的测算方法。

草地的情况比较复杂，因为我国的草地面积非常大，并且受到载畜量过大的影响而出现的草地退化面积也非常惊人。进入 21 世纪之后，在各级政府的管理之下，我国草地的生态恢复收到较大的成效。根据中国科学院发布的报告，21 世纪 10 年代相比于 20 世纪 80 年代，我国草地生态恢复所增加的每年固碳量为 3.27 亿吨 CO_2，在整个约

11 亿吨 CO_2/年的增量中，占比接近三分之一；在这 3.27 亿吨 CO_2/年的增量中，地上植被和土壤基本各占一半。现在的问题是：我国草地的生态恢复到什么程度了？针对这个问题，还缺少有效、科学、详细的评估，但大部分观点认为，我国的草地离在目前气候条件下应该达到的生态条件，还有较大距离。对于这一点，我们可以从一些野外实验站的试验样地中，在不同用途下草原植被的生长情况对比中获得明确结论。也就是说，我国现有的草地通过有效生态管理（尤其是保育措施）还能产生较大的固碳潜力。

除已有草地之外，我国荒漠的面积也很大。如果在未来的变暖过程中降水有增加，则一部分荒漠在管理得法的情况下，也是会有固碳能力的，我们从毛乌素、库布齐等沙地几十年治理下来的效果可以看出这一点；此外，我国现在利用荒漠建光伏电站，几年下来，发现光伏电池板下面的植被可以得到很好的生长，这一方面是因为光伏电池板降低了水分蒸发量，另一方面是因为光伏电池板需要定期清洗，清洗后的水分流到土地中，成为草地生长的有利条件。总之，我国草地/荒漠在生态建设的大潮下，具备较大的固碳潜力，但具体能达到什么程度，还有待观察和研究。

第三块是农田管理增加碳汇量。还是引用中国科学院的调查数据，我国 21 世纪 10 年代的农田土壤总碳储量相比于 20 世纪 80 年代，只有少量的增加，其增加速率只有

900万吨CO_2/年。这个数值可能会出乎很多人的意料，因为我国这些年对秸秆还田、轮作免耕等农田保育措施还是比较重视的。这里面的一个可能的解释是，全国范围内确实有不少地区的农田有机质含量在增加，但也有不少地区（比如东北黑土地）的有机质含量处在快速降低过程中。这一点也说明我国的农田土壤增加碳汇量的潜力还是不小的，关键是要从田间管理角度，拿出有力度的激励措施。

湿地具有强大的固碳能力。20世纪八九十年代之前，我国的湿地面积大数为8亿亩，但社会上一度把湿地作为开发对象，据统计，全国有数以千计的天然湖泊消亡，大量的天然湿地丧失，海滨滩涂被填上。因此，相关碳收支调查的结论是，21世纪10年代相比于20世纪80年代，我国湿地的碳储量下降了约40亿吨CO_2。未来，湿地的固碳"文章"怎么做，或者是否值得做，看来还有待论证，毕竟"恢复湿地"在操作上是有很大难度的。

问题150：增加我国陆地生态系统的碳汇应注重哪些措施？

首先要说明一点，前面讲到的我国碳汇潜力估计更多是在对当前生态系统碳循环的理解下做出的，在某种程度上说是偏"保守"的。可以相信，如果我们以后采取更多切实的措施，那么人为增加更多的固碳量是完全有可能的，这样说是基于陆地生态系统的潜在碳储量可以非常大这个事实。

从生态学的视角看，未来增加碳汇的人为措施需要从三个层面入手：一是陆地生态系统布局的合理规划，二是对固碳能力强的物种的选择，三是切实有效的生态系统管理和碳汇价值的实现。这些人为措施的重点还是森林，因为森林的固碳能力不是其他生态系统可以比拟的。如何把扩大我国的森林面积、合理地种植用材林、提高森林生态系统的稳定性、加快森林的自然更替速度和人为更替速度、提高森林的经济价值和生态服务价值等方面与加强固碳能力科学、有机地结合在一起，将是我国科技界和各级政府要尽力做好的一项重大工作，这方面工作应该坚持规划先行。

当然，如何加快发挥灌丛、草地、荒漠、湿地的固碳潜力也是一个十分重要的方面。这几类生态系统占我国国土面积的一半以上，但其碳汇功能还未得到应有的发挥。形成这块短板的一个重要原因是在各地的生态建设热潮中，森林的地位更突出，森林的生态建设成就也更有显示度。至于草原生态的改善、荒漠面积的缩小，尽管也能做到肉眼可见，但毕竟没有被纳入如"某地森林覆盖率提高了多少个百分点"这样的统计之中，更不用说一些地方政府有意识地把湿地改造成建设用地了。

促进碳汇增加的一个有力措施应该是建立碳汇价格形

成机制，并且在市场上得到交易的机会。这方面工作，欧盟以"清洁发展机制"的名义，通过较长时期的实践，已经建立了"碳信用"交易市场。一些非碳能源的开发应用、生态碳汇的形成，可折算成二氧化碳减排量，直接在市场上交易。我国未来似乎也有必要开展这方面的工作。比如说，我国曾经的 14 个集中连片特困地区脱贫以后，进入了乡村振兴阶段，如何保证这些地区还有外来资源的投入，事关脱贫成果的巩固与未来的发展。而这些地区形成碳汇的潜力非常大，这就需要建立某种市场机制，使这些地区的农村居民和山区居民通过森林保育把碳汇价值交易出去，由此形成多方共赢的局面。

还有一个措施是充分发掘近海的碳汇潜力。我国海岸线漫长，大陆架平缓，既具有建设滩涂生态系统（如红树林）的良好条件，近海海域通过养殖业的发展也能起到较大的固碳作用。比如贝壳类海产品，它们的外壳形成过程就是一个固碳过程，并且以这种方式固定的碳会保留很长时间而不返回大气中。

第二节　碳捕集技术

　　人为固碳的另一个方面是把二氧化碳转化成工业产品并加以利用，或把多余的二氧化碳气体封存于地下。要实现这样的操作，首先要把二氧化碳收集起来，即完成碳捕集。本节介绍现有的碳捕集技术，包括燃烧后捕集、燃烧前捕集、富氧燃烧捕集、化学链燃烧捕集、生物质能碳捕集和直接空气捕集等技术。

问题 151：燃烧后捕集的技术内涵是什么？

　　火力发电、钢铁、水泥、化工等行业，当然还有其他一些行业，都需要用到大量煤炭。煤炭燃烧后的烟气中，CO_2 含量高，用适当的手段把 CO_2 分离出来，就是燃烧后捕集法。目前对此主要有三大类方法。

　　一是化学吸收法。它主要有两个步骤：第一步是用化学吸收剂同 CO_2 发生反应，生成不稳定的盐类；第二步是在加热或减压条件下，使不稳定的盐类发生分解，释放出 CO_2，从而达到捕集之目的。比如用 NaOH 溶液作为吸收剂，就会发生以下反应：$2NaOH+CO_2=Na_2CO_3+H_2O$，这个过程的逆反应就可将CO_2解析出来，从而捕集到适当的容器中。在进行这样的捕集之前，烟气需要先经过脱硫、脱硝、除尘等常规处理。

吸收剂的选择很关键。工业上，通常选用呈碱性的化学吸收液，如有机胺类、氨基酸类、钾碱、氨水等。目前，一些新型吸收剂也在研究和应用之中，如混合吸收剂、两相吸收剂、非水吸收剂以及离子液体等。

二是吸附法，包括化学吸附法和物理吸附法。化学吸附法常用的吸附剂为固体胺、碱金属碳酸盐等低温吸附材料，以及氧化钙、正硅酸锂等高温吸附材料。这些材料表面的某些原子或基团可同气体中的CO_2形成化学键合而产生吸附作用，然后再在适当的条件下将CO_2解吸附而达到捕集之目的。物理吸附法的吸附剂主要是活性炭、天然沸石、分子筛、活性氧化铝、硅胶等，它们对烟气中的CO_2进行有选择性的可逆吸附来分离回收CO_2。物理吸附法的工艺包括变温吸附法、变压吸附法、变温变压结合法等。

三是膜分离法，即利用气体分离膜分离CO_2。在烟气中，CO_2与其他气体对膜的透过速率有差异，从而可以达到分离之目的。这个方法有占地面积小、能耗低、作业中无化学溶剂挥发等优点。

燃烧后捕集技术目前已具备工业可行性，包括中国在内的多个国家已有不少工业示范项目。但高能耗和高成本是这类技术大规模推广应用的主要障碍。因此，未来需要在开发更为高效、更低成本的吸收剂或吸附剂、分离膜以及吸收装置上下功夫。

问题152：燃烧前捕集的技术内涵是什么？

燃烧前捕集是指把气体（如天然气、合成气、燃料气）中的CO_2提前分离出来。天然气中的CO_2含量一般在3%左右；合成气的原料范围很广，比如可由煤或焦炭等固体燃料气化产生，有一定含量的CO_2；燃料气都是由多种成分混合而成，其中的可燃成分有H_2、CO、CH_4、H_2S以及其他碳氢化合物，不可燃成分有CO_2、N_2等。燃烧前捕集技术主要适用于以煤炭气化为基础的工业过程，如煤气化联合循环电站、天然气联合循环电站、煤化工过程、化工 – 动力多联产系统等。主要捕集工艺有溶液吸收法、固体吸附法、膜分离法以及低温分离法。前三种分离法的原理同燃烧后分离捕集相类似，但在具体操作上主要有两点不同：一是由于合成气、燃料气等在分离前CO_2浓度高、分压大，因此不像燃烧后溶液吸收法、固体吸附法那样，多用升温方式解析CO_2，而是用降压的方式解析CO_2；二是燃烧前膜分离工艺主要应用于合成气中CO_2和H_2的分离，而燃烧后膜分离工艺主要应用于烟气中CO_2和N_2的分离。

低温分离法的工作原理是，原料气中不同组分的挥发温度和压力组合不同。因此，第一步是将气体的各组分按工艺要求先冷凝下来，第二步是根据挥发温度的不同，用蒸馏法将不同组分逐一分离，从而把 CO_2 从混合气体中分离出来。

燃烧前捕集技术的成熟程度较高，目前在石油化工等行业已处在商业化运行阶段，因为石油化工等行业需要大量原料气，原料气中的 CO_2 浓度高，故在捕集上比起其他低浓度排放源，有其成本上的优势。

我国在燃烧前捕集技术上已处在国际前列，目前已在化工、石油及电力行业一定规模地应用这项技术。但在优化气体分离工艺、优化系统集成工艺、降低能耗、降低成本上还有大量工作要做。

这里必须指出，燃烧前捕集了可分离的 CO_2 气体，并不表明余下的碳氢化合物燃烧后不产生 CO_2，即最终要做到不排放 CO_2，燃烧前捕集并不可以取代燃烧后捕集。

问题 153：富氧燃烧捕集的技术内涵是什么？

富氧燃烧捕集 CO_2 本质上也是一种燃烧后捕集技术，它主要是针对火电站的锅炉系统而研发的。同常规的火电锅炉烟气捕集 CO_2 相比，这项技术有两方面的不同：一是电站锅炉煤炭燃烧时，送入的是氧气，而不是空气，故称之为富氧燃烧；二是通过烟气的不断循环来调节炉膛内燃烧和传热的特性，由此把烟气中的 CO_2 浓度提高到 $70\% \sim 90\%$，为在高浓度下分离 CO_2 气体创造了条件。

通过富氧燃烧获得的烟气中，除 CO_2 外，还有 O_2、N_2、H_2，以及一些常规的污染物，如 SO_2、NO_X、Hg 等。为去除杂质，一般采用深冷分离法，即对烟气进行多次压缩和冷凝，利用不同气体在沸点上的差异进行精馏，从而使不同气体得以分离。

富氧燃烧可分为常压富氧燃烧和增压富氧燃烧。增压富氧燃烧把燃烧系统的压力提升到 $10 \sim 15$ 个大气压，由此可保证系统压力损失小，热效率得到提高，烟气中的污染物含量降低。富氧燃烧避免了把空气中的氮气引入燃烧系统，因此在分离烟气中的 CO_2 时，可节省一定的处理成本。

常压富氧燃烧技术在国内外均处于示范阶段，目前看来成本比较高昂，主要是制氧成本及能耗过高。增压富氧燃烧技术目前在国内外尚处于实验室研究阶段。一些专家预计，通过提升富氧燃烧系统的运行压力，或者考虑同新型热力循环系统相结合，比如采用增压富氧燃烧、富氧燃气轮机，同超临界 CO_2 循环相结合，均有望提高系统的效率、降低富氧燃烧捕集技术的成本，从而使其成为燃烧后捕集 CO_2 的主流技术。

问题154：化学链燃烧捕集的技术内涵是什么？

化学链燃烧系统应用于 CO_2 捕集的思路是由中国和日本的学者于 1994 年率先提出的。所谓化学链燃烧，是指一种燃料与空气不直接接触的无火焰燃烧方式。传统的燃料与空气直接接触产生的燃烧，改变为通过"固体载氧体"将空气中的氧传递到燃料中产生燃烧，从而在燃烧过程中分离 CO_2，即实现"CO_2 的内分离"。由于不直接引入空气，燃烧产生的烟气就没有高浓度的 N_2，因此可以提高烟气中 CO_2 的分离效率，即无须额外耗能即可实现 CO_2 分离。

化学链燃烧技术早在 1983 年即被提出。在这个系统中，燃料反应器、空气反应器和固体载氧体是主要组成部分。燃料和固体载氧体在燃料反应器中接触后发生氧化还原反应而释放能量，CO_2 在这个步骤中被捕集；在空气反应器中，前面步骤中被还原的载氧体被空气氧化再生，由此避免了空气与燃料的直接接触。可见，能通过晶格实现氧传递的固体载氧体是核心材料。可作为载氧体的主要活性成分有钙、钡、锶的硫酸盐，以及镍、铁、铜和锰的氧化物，其中锰基载氧体在性价比等方面表现出良好的发展潜力。

目前，化学链燃烧主要有原位气化燃烧和氧解耦燃烧两大类技术。原位气化用 H_2O 等将燃料首先转化为 H_2、

CO 及其他可燃烧的挥发成分，然后与载氧体发生气－固氧化反应，做功后生成的烟气以 CO_2 和 H_2O 为主要成分；氧解耦技术能使释放氧气的载氧体对燃料直接氧化，能量做功后产生的烟气的主要成分为 CO_2。

正因为化学链燃烧可在"过程"中捕集 CO_2，并且不需要额外提供能量，所以化学链燃烧做功（发电）的本身成本高低将成为决定化学链燃烧捕集 CO_2 这一技术适用性的重要因素。目前，化学链燃烧技术和 CO_2 的"内分离"技术在国外已做过中试，国内也在对此开展实验室研究。比如美国俄亥俄州立大学的煤直接化学链燃烧装置试验表明，这样的技术可使煤的转化率高达 96% 以上，过程中收集的 CO_2 纯度也在 96% 以上，表现出较好的发展前景。

问题 155：生物质能碳捕集的技术内涵是什么？

生物质能碳捕集是指把生物质燃烧过程或生物质转化过程释放出的 CO_2 收集起来，以便进行下一步处理。生物质能碳捕集一共有三大类技术。

第一类是生物质燃烧发电过程的碳捕集。致力于用生物质发电的厂家在全球已有不少，一般在国家给予适当的补贴以后，生物质发电还是有市场竞争力的。生物质发电碳捕集的原理和过程同煤炭发电碳捕集基本一致，从原则上讲，燃烧后捕集、富氧燃烧捕集、化学链燃烧捕集技术均可应用。但与煤相比，生物质具有热值相对较低的缺点，这意味着这类发电厂的装机容量并不大，发电产生的 CO_2 量也相对较少。生物质发电碳捕集的商业化应用工作目前在全球还没有开展。

第二类是把生物质和煤炭耦合发电的碳捕集，其具体的发电路径包括生物质同煤炭直接混合燃烧、生物质气化以后的耦合燃烧和生物质热解以后的混合燃烧。这类发电技术也可以同煤炭发电碳捕集一样，从原理上讲，捕集 CO_2 的方法是现成的，关键还是经济上需要额外增加成本，因此目前国内外对这类碳捕集的工作做得还很少。

第三类是把非食用的粮食、农作物秸秆、畜禽粪污、餐厨垃圾、农副产品加工废料等作为原料，通过厌氧发酵和净化提纯生产生物燃料，在其提纯过程中把生物质产生的 CO_2 捕集起来。化学吸收法、物理和化学吸附法、膜分离法均可用于此项操作。目前，国际上在玉米和其他生物质生产乙醇的过程中，已经有这类碳捕集项目，年捕集量已超过 100 万吨。

影响生物质能碳捕集的主要障碍是，生物质能比之于煤炭，其 CO_2 的"排放密度"并不大，生物质燃料用于发电的量在整个电力生产中的占比很小，因此不太受业界重视。此外，还有一些设备和工艺上的问题有待解决。

业界常常把生物质能发电视作"零碳电力"，把发电产

生的 CO_2 捕集之后，或将其利用，或将其封存作为"负碳排放"，这是基于生物质中的碳是通过植物光合作用从大气中吸收来的这一事实。但这里也不得不指出，把生物质从一定空间范围内收集起来需要消耗额外的能源，发电也好，捕集也罢，都需要设备，设备生产亦有能耗产生。因此，定义真正的"零碳"和"负碳"还得考虑这些因素。

问题 156：从空气中直接捕集碳的技术内涵是什么？

从空气中直接捕集 CO_2 并将其进行工业利用或封存于地下、海底，这个想法"很浪漫、很直接"。理论上说，既然可以从烟气中捕集 CO_2，当然也可以从空气中直接捕集。另外，从空气中直接捕集 CO_2 的装置还应该可以应用于像交通工具这样的移动排放源。国际上 20 年前就有团队开展这方面的研究。

直接从空气中捕集 CO_2 的技术主要是用吸收剂或吸附剂，从装置看，需要三大部分：一是空气接触器，二是再生塔，三是储存罐。在空气接触器中，空气中的 CO_2 气体同吸收剂或吸附剂结合后，再改变温度或压力，把 CO_2 与吸收剂或吸附剂分离。分离后的 CO_2 气体进入储存罐，吸收剂或吸附剂则进入再生塔再生后循环使用。

目前直接从空气中捕集 CO_2 主要用高温溶液吸收或低

温吸附剂吸附。高温溶液吸收法利用一定浓度的强碱溶液，如 $Ca(OH)_2$、$NaOH$、KOH，它们吸收 CO_2 后形成碳酸盐。再通过高温热源把 CO_2 释放到储存罐中，强碱溶液则作再生利用。低温吸附法利用化学吸附材料或物理吸附材料在常温常压下吸附 CO_2 气体，并在较高温度（80℃～100℃）下分离 CO_2 和吸附剂。

从空气中直接捕集 CO_2 原则上没有地点限制，具有很大的灵活性，并且捕集规模可以无限制放大。但一个很大的限制是，空气中的 CO_2 浓度只有万分之几，比之烟气中数十个百分点的浓度，差了几个数量级。正因为如此，从空气中捕集 CO_2，存在成本高、效率低的问题。目前这方面的工作在国际上只处于小型应用示范阶段，国内则尚无这方面工作的报道。

未来如果要使这方面的工作变得更有吸引力，还需要研发高效、低成本的吸收材料、吸附材料和相关设备，并尽可能利用可再生能源或工业废热来降低捕集成本；另外，还得为捕集起来的 CO_2 找到"出路"。

从空气中捕集 CO_2 的技术若成熟将具有十分重大的意义，即它可以使整个社会吃上一颗"定心丸"：一旦因大气 CO_2 浓度过高而不得不用人工手段予以降低时，人类社会还是有办法、有能力做到的。

第三节 捕集后的工业化利用

捕集 CO_2 后，必须对其进行处理，或者把它利用起来，将其转化成工业上有用的产品。如果利用不了那么多，就得把它封存到地下或海底。前者为工业化利用，后者为封埋。

本节主要介绍目前正在研发或应用的工业化利用技术，它们可分为两大类：第一大类是生物利用技术，包括微藻利用、气肥利用、合成有机酸、人工合成淀粉等；第二大类是化工利用技术，包括还原性化工利用、非还原性化工利用和矿化利用。

问题 157: CO_2 微藻生物利用的技术内涵是什么？

微藻是一类"自养型"水生低等植物，这类植物在陆地上和海洋中广泛分布，藻体颗粒为微米级大小，主要利用光合作用和一些营养元素生长。目前，地球上微藻的已知种类有三万多种，它们可在不同环境下生长。微藻的生长周期一般只有几天，如不利用，则其生长期内通过光合作用固定下来的碳又会在微藻死亡后重新进入环境。利用微藻固碳，就是要在反应器中注入人为收集的CO_2，使微藻加速光合作用而蓬勃生长，同时把不断繁育生长的微藻人工收集、利用，在这样的工作链条中，微藻的固碳能力得以发挥。顺便指出，微藻的繁殖速度快、光合作用效率高。有研究表明，微藻的光合作用固碳能力是森林的10～50倍，每年由微藻光合作用固定的CO_2可占全球总量的40%以上。由此可见，利用微藻固碳的潜力不小，但如果人工培育的微藻利用不了，则会于事无补。

人工培育微藻，可与烟气CO_2捕集、废水处理、土壤改良相结合，微藻生物质则在燃料、饲料、食品、肥料、化学品等领域有重要价值，因此人工培育微藻在固碳、环保和经济上均能产生效益。

微藻的工业化培育利用涉及藻种选育、高效反应器设计、高密度培养等技术环节。总体来说，相关工作目前已取得较大进展，比如微藻生物肥料技术在国内外已处于中试阶段，把微藻转化为功能食品、饲料添加剂、饲料等已显现出较好的市场前景，把微藻的活性物质加工成医药和化妆品原料等高附加值产品已受到市场的重视。但到目前为止，微藻培育和加工的成本还是偏高。未来需要重点突破的工作主要在于，工业化藻种的选育，特别是既能将废气、废水治理同固碳高效相结合，又在下游具有较高应用价值的藻种选育，或者利用现代生物技术对藻种做出定向的改良或构建；在低成本、高效、大规模养殖体系的开发上，还有大量技术创新工作待做；此外，在利用微藻开发下游高附加值产品这个方面，也需要再下大力气。

问题 158：CO_2 气肥利用的技术内涵是什么？

CO_2 气肥利用是指把工业排放的 CO_2 气体收集起来，人为注入温室，以提高温室内部空气中的 CO_2 浓度，从而提高作物的光合作用速率，以达到增加固碳量的目的。由于 CO_2 在这个过程中起到了类似于给作物施肥的效果，故将这项技术称为 CO_2 气肥利用。有实验结果表明，提高温室内部空气中的 CO_2 浓度，不仅可以大幅度提高作物产量，还可以增强作物的抗病能力，对有的作物来说，其品质也能随之提升，故这项技术在农业生产上有重要意义。

近年来，一些作物的"工厂化培育"项目已在国内外开展，这样的工厂可以调节内部的温度、湿度、CO_2 浓度，同时利用半导体照明技术生产出能释放不同波长的电磁波的光源，以适应不同作物对不同光波的选择性吸收，从而提高光合作用速率。这类工厂可以向高处发展，使用无土栽培技术，一年可以收获多茬作物，因此显现出永久性解决人类食品问题的前景。CO_2 气肥利用成为这类解决方案中的一个不可或缺的环节。

国际上在 20 世纪全球变暖研究刚刚开始的阶段，就着手对 CO_2 气肥利用展开研究，针对不同作物、不同生长条件，已经在模型建立、施肥算法、作物生理变化、作物营养学等方面积累了大量资料。尽管我国在这方面的研究起步要晚一些，但近些年相关研究单位也做了不少工作。另据估计，我国有 250 万公顷的温室，也是世界上设施园艺面积最大的国家，因此 CO_2 气肥利用技术具有广阔的应用前景。该技术以后同"植物工厂"的相关技术结合在一起，有望在解决我国粮食安全问题上发挥重大作用。

目前，影响 CO_2 气肥利用技术应用的因素是成本过高。可以想见，从收集 CO_2 到压缩运输 CO_2，再到将 CO_2 注入温室大棚中，这几个步骤均需要资金的投入，而农作物本身市场价格低，加之种植户分散，因此难免有"用不起"的问题。未来，一方面要加强基础性研究工作，更深入地揭示 CO_2 气肥利用的内在机制和调控方式，另一方面要把降低成本作为重点攻关目标。

问题 159：通过固定 CO_2 来合成有机酸的技术内涵是什么？

这项技术需利用微生物发酵来完成。发酵利用的是微生物的代谢功能，即将不同的有机物质分解、转化和合成，生成所需的酶、菌体和代谢产物。

有机酸有甲酸、乙酸、磺酸、亚磺酸等，它们用途广泛，为有机合成、工农业生产、医药工业原料等所必需的原料。在常规有机酸的生物制造过程中，以葡萄糖、生物质等为原料，在微生物的代谢作用之下，合成过程可产生大量的额外能量，但受细胞代谢本身和目标物合成途径设计的限制，这部分能量并不能得到利用，而是被白白消耗，由此降低了原料物质的利用效率。这里介绍的固碳技术是针对前面说的能量被白白消耗而设计的，因为固定 CO_2 是一个高度消耗能量的过程。这项技术通过微生物代谢途径的人工重构，在微生物中人工导入 CO_2 固定途径，将发酵原料所产生的能量和还原能力与 CO_2 固定相结合，从而将 CO_2 导入有机酸合成途径中，由此在提高有机酸的生产效率的同时，把一部分 CO_2 固定到产品中。因此，这项技术的完整名称应该是微生物化学能驱动下的固定 CO_2 合成有机酸。

这项技术具有重大的实用意义。以葡萄糖及其他生物质发酵所产生的化学能驱动 CO_2 固定，是一条新的 CO_2 生物转化和有机酸生物制造路线。这些发酵原料既提供了有机酸合成的前体物，又为 CO_2 固定提供了所需能量，因此有利于降低成本，实现规模化工业生产。目前，国内已有一些地区利用我国自主研发的技术进行丁二酸和苹果酸的规模化发酵生产。

我国每年生产的发酵产品数量很大，运用这项技术可

把 CO_2 合成进入目标产品，既可实现碳减排，又可拓展工业发酵的原料来源。

这方面的技术还在发展之中，今后研究工作的重点应该是如何提高 CO_2 合成进有机酸中的效率、如何获得固碳能力更强的固碳酶、如何降低整个工作系统的运行成本。

问题 160：用 CO_2 人工合成淀粉的技术内涵是什么？

2021 年底，国内外媒体广泛报道了中国科学院天津工业生物技术研究所的相关研究团队在国际上第一次不依赖植物的光合作用而合成人工淀粉。这是一项很有想象空间的原始创新研究工作。人工合成淀粉技术主要利用了合成生物学的理论，以 CO_2 为原料，通过甲酸、甲醛、二羟基丙酮等 11 步反应转化过程，最终合成淀粉，并实现人工合成淀粉的速率远高于自然合成速率。

相比于自然界的淀粉合成，人工淀粉合成的优点是可以利用高密度的电能 / 氢能和高浓度的 CO_2，工厂化、大规模地快速完成产品生产。淀粉是重要的营养物质，人类生存必需淀粉，淀粉又可以转化成动物蛋白、工业原料、食品、药品等必需物质，因此这项成果不但为固碳找到了一条途径，又可为人类粮食安全提供保障。另外，工厂化合成淀粉既可节省土地，这些节省下来的土地如用于发展森林，又可以多固定 CO_2。

但是，我们也应看到，CO_2 是一种化学性质稳定的惰性分子，其转化利用必需外界的能量加入。人工合成淀粉目前的技术是 11 步转化途径，这意味着能量的投入不会小，而能量是有价格的，淀粉也是有价格的，并且淀粉一般是廉价的，要使工厂化生产的淀粉有市场竞争力，必须解决如何降低能耗的问题。这是未来这项工作要特别注重的一个方面。

此外，目前人工合成淀粉的主要成本构成之一是酶蛋白的生产成本。因此，如何从自然界中大规模挖掘并改造、设计获得具有高活性、高稳定性的酶蛋白，也应是未来相关研发工作的一个重点。

问题 161：CO_2 还原性利用的技术内涵是什么？

含碳物质燃烧后形成 CO_2，碳原子的化合价是正四价，处在最高氧化态，还原性利用就是用还原剂把碳原子的价态降下来，从而形成可利用的新物质的过程。由于 CO_2 的化学稳定性高，因此这样的还原过程必须有外部能量的加入。目前，已有多种还原性利用技术显现出较好的前景。

一是 CO_2 和甲烷重整制备成一氧化碳和氢气的混合物。二者的协同转化需要 $600℃ \sim 900℃$ 的高温，以镍基金属为催化剂。这种技术以甲烷为还原剂，甲烷燃烧提供所需能量。由于一氧化碳和氢气都是需求量很大的化学品，故这种技术兼具碳减排效益和经济效益。

二是以氢气为还原剂，将 CO_2 转化为甲醇。合成在 200℃～300℃、1～50 个标准大气压条件下进行，用铜基金属作为催化剂。甲醇是低碳燃料，又是工业上需求量大的化学品，因此该合成途径受到广泛关注。

三是以氢气为还原剂，将 CO_2 转化成烯烃。这个合成过程由两步组成：第一步是 CO_2 加氢还原成一氧化碳或者甲醇，第二步是再加氢气生成烯烃。烯烃是一类应用广泛的化工原料，化纤、装修材料等都需要烯烃。传统上，烯烃的生产主要靠石油，因此这条技术路线可对石油作部分替代。

四是 CO_2 加氢气合成油品，即 CO_2 被氢气还原，产出含有五个碳原子以上的混合液态烃类化合物。这个合成过程主要有两条路径：一是 CO_2 加氢还原为甲醇，后者再转化为异构烃、环烷烃和芳烃等油品主要组分；二是 CO_2 加氢先还原成一氧化碳，再与氢气反应转化为不同长度的饱和烷烃或烯烃，最后转化成油品。由于市场对油品的需求量大，因此这种技术一旦成熟，在碳中和实现路径上将具有重大意义，毕竟原则上讲，这样合成的油品使用后并不增加碳排放。

五是在光、电条件下，以电子作为还原剂，实现 CO_2 还原，制备一氧化碳、甲酸、甲烷、烯烃、醇类等化工产品。

目前，以上技术从基础研究到工业化示范，国内不同研究团队正在着手攻关。从技术可行性上来讲，这些技术都显现出良好前景。但比起传统的技术路线，这类 CO_2 还原技术都还不具备市场竞争力，主要原因是碳捕集和合成转化都是高耗能过程，在目前以煤为主的能源消费结构下，合成转化所固定下来的 CO_2 量未必会比耗能所产生的 CO_2 排放量大。

如果未来可再生能源成本进一步降低，氢气均来自可再生能源的电解水制备，从空气中就地吸附 CO_2 的技术成熟，那么这类 CO_2 还原制备化工产品的技术将可以很好地助力碳中和目标的实现。

问题 162：CO_2 非还原性利用的技术内涵是什么？

CO_2 的还原性利用要把碳原子的化合价从高氧化态降下来，而非还原性利用则不必，它是把 CO_2 分子作为一个整体，使其进入目标产品中。我们知道，要把具有高稳定性的 CO_2 分子打开，才可以把化合价为正四价的碳原子还原。从这个角度可知，CO_2 的非还原性利用耗能将相对减少，因此具有相对较高的经济性。

通过 CO_2 非还原性利用过程可制备有机碳酸酯、羧酸、羧酸酯等，这些产品在环保溶剂、汽油添加剂、锂离子电池电解液等领域有广泛应用。另外，相比甲醇等 CO_2 还原性利用技术的产物，不少 CO_2 非还原性利用技术的产物具有更长的生命周期，即固碳周期可以更为长久。

目前，CO_2 非还原性利用有多种合成技术及相应产品。

一是合成尿素的技术。通过 CO_2 和氨气，在一定温度和压力下先合成氨基甲酸铵，然后将氨基甲酸铵脱水得到尿素。该技术实现起来相对简便，尿素又是重要的化学肥料，因而该技术被广泛重视。

二是合成水杨酸的技术。在催化剂作用下，把 CO_2 和苯酚直接合成水杨酸。该技术无论是在化学合成方面，还是在碳减排方面，都有较大意义。同时，该方法具有操作简单、反应条件温和、反应步骤少、产物单一、无污染等优点。水杨酸是治疗皮肤病的重要化学品。

三是合成有机酸酯的技术。比如，在催化剂作用下，CO_2 直接与甲醇反应生成碳酸二甲酯，或者先合成尿素，再醇解获取碳酸二甲酯。这样的技术可替代传统合成技术，节省石油的使用，且不会产生污染物。

四是合成可降解聚合物材料的技术。这是指 CO_2 与环氧化物通过共聚反应获取脂肪族碳酸酯的过程，该产品是一类新型可生物降解高分子材料，在环保领域有很大需求，同时用这个方法合成脂肪族碳酸酯，节省了石油的投入。

五是合成各类异氰酸酯 / 聚氨酯的技术。这是指以

CO_2 为羰基化试剂，与不同有机氨底物反应，先合成各类异氰酸酯，再进一步转化为各类聚氨酯的过程。聚氨酯是一种高分子材料，可在塑料、纤维、橡胶等制造领域得到应用。

六是制备聚碳酸酯／聚酯材料的技术。这是指 CO_2 与环氧乙烷先合成碳酸乙烯酯，再和有机二元羧基酯反应合成乙烯基聚酯、聚丁二酸乙二酯，并联产碳酸二甲酯等聚碳酸酯材料的过程。聚碳酸酯又称 PC 塑料，在工业领域有较广泛的应用。

目前，CO_2 非还原性利用技术已有一定的成熟度，不少技术已完成中试过程，有的已进入工业示范和商业化应用阶段。未来，这类技术还需在催化剂规模化生产、反应器效率提升、产品质量和价值提升、成本降低等方面下功夫。

问题 163：CO_2 矿化利用的技术内涵是什么？

CO_2 矿化利用是指人为促进 CO_2 气体同钙、镁等碱土金属离子发生反应，生成碳酸盐，并在建筑材料等实物中固定下来的过程。从热力学原理上讲，CO_2 的生成能量高于碳酸盐，因此这样的 CO_2 矿化过程是放热过程，可以不加入外界能量；但从动力学角度论，这样的自发反应速率过小，很难符合实际的需要，因此需要提供一定的温度条件和压力条件。

我们在工业开发过程中，常常在矿山、工厂等场所产生大量的固体废弃物，而有些废弃物中钙和镁的含量高，因此 CO_2 矿化利用可以同固废处理相结合，以求碳减排同环保工作紧密协同。所以说，此项工作并不需要太多投入，技术门槛也不高，应该在碳中和目标实现上发挥较大作用。目前，这样的矿化技术主要有以下四类。

一是钢渣矿化利用 CO_2 技术。钢铁生产过程会产生大量钢渣，其中富含钙、镁等碱性组分。通过将这些碱性组分与 CO_2 反应生成稳定的碳酸盐产品，从而实现钢渣处置与固碳的协同效益。所得碳酸盐产品可用作建筑材料，或进一步精制后获取纳米碳酸钙等高端产品。

二是磷石膏矿化利用 CO_2 技术。磷石膏是磷化学产品生产过程中产生的固废物质，其量非常之大，一般处置方法是野外堆积或掩埋，对地下水质量产生潜在威胁。磷石膏以硫酸钙为主要活性组分，使其与 CO_2 发生碳酸化反应后可生成碳酸钙。因此除固碳以外，该技术对磷肥生产行业也有较大价值。

三是钾肥生产过程中的 CO_2 固定技术。一部分钾肥生产的原料是钾长石矿物，钾长石矿往往伴生大量的钙、镁等碱土金属。在提取钾离子以制作钾肥的过程中，让 CO_2 与废渣中的二价钙、镁离子反应，可起到固碳的作用。

四是养护混凝土利用技术。这种技术利用早期水化成型的混凝土中含有的大量钙、镁组分，加 CO_2 气体使之形成碳酸盐组分。这个过程在固碳的同时，还能提升混凝土的力学性能。

最近几年，国内的一些科研单位和大学对以上技术进行实验室研究后，已开展商业应用示范工作，总的情况是令人鼓舞的。尤其是考虑到我国经过几十年的大规模建设，类似于磷石膏、钢渣等固体废弃物的存量已经很大。这些固体废弃物以前一直没有太好的处置办法，只好将其堆放或填埋。有研究估计，我国总的固体废弃物堆放、填埋占地已在千万亩级，因此如能在碳中和目标追求过程中，把这些固体废弃物转化为有人为固碳能力的建筑材料，应该是很有意义的一件大事。当然，这方面的研究工作还很不深入，如何在产品生产过程中降低能耗和成本、提升产品的市场认可度等还待进一步突破。

第四节　地质利用和封存

地质利用和封存是指把 CO_2 收集起来，注入特定地层中，以达到两个目的：一是把 CO_2 气体长期封埋于地下，二是在封埋过程中获得一定的经济效益，比如用于驱油、采气等。这样的作业也是固碳领域中的重要工作，本节概述这方面的技术发展现状。

问题 164：CO_2 如何用于开采深部矿化水？

地层深部有地下水，有些地下水层含有一定浓度的溶解态矿产资源，比如钾盐、锂盐、溴素、碘素等。要把它们开采出来，有时候可利用地层本身具有的压力，有时候也需要通过人为作用产生压力。如果把 CO_2 气体注入目标地层中，一方面可以提高矿化地下水的开采效率，另一方面可以利用地下水开采后留下的空间，把 CO_2 封存在其内部。矿化水开采出来后，通过一定手段，可以把其中的有用元素分离出来，同时把水资源利用起来。封存到地下的 CO_2 常常会通过一些物理化学过程，同地层中的物质发生作用而得到永久性封存。

这样的操作一般至少需要两口深井，一口是 CO_2 注入井，一口是矿化水开采井。注入井通过压缩机把 CO_2 注入目标地层中；开采井把矿化水采出地面，再通过地面的相关装置，分离出有用元素，去除有害元素，同时获得可利用的水资源。注入的 CO_2 气体可自动占据水分子运移后留出来的空间，从而使原来的地层结构不会因为地下水的开采而产生实质性变动。

这样的矿化水开采和 CO_2 封存技术在一些西方国家已接近成熟并达到规模化应用水平，我国相关实体也对此开展了示范性试验，已对每年达 10 万吨级的矿化水开采和 CO_2 封存工作做了先导性试验。我国做这类工作具有较好的地质条件。首先，我国东部有大量的深厚新生代松散沉积物形成的沉积盆地，深层矿化水 / 咸水的分布较为广泛；其次，东部也是我国 CO_2 产出的集中区，有足够的 CO_2 气体可供收集和封存。西部的一些大型盆地也有深厚的松散沉积物，利用这项技术，一方面可以封存较多 CO_2，另一方面开采出的深部地下水还可以用于当地的工农业生产和生态改善。

但这项技术还在发展之中，在其实际应用过程中，还会遇到不少困难。一是如何确定合适的工作场所和地下矿化水目标层，以及如何获知地下矿化水目标层的精细地层结构；二是大规模 CO_2 注入工艺有待完善；三是很难对

CO_2 注入后如何在地下运移及与地层发生作用进行相应监测和分析；四是 CO_2 封存以后是否会出现不可预知的风险，还缺乏经验和评估方法。

问题 165：CO_2 如何用于强化石油开采？

石油深埋于地下油藏中，油藏从地质学上讲是一个圈闭，即相对封闭的储油层。这样的圈闭是有内部压力的，因此当采油井打到圈闭层时，石油会自动地喷流到地表。但是这样的压力或能量有时候很快就会消失，即一般在 15% 的原油被开采以后，自流作用就会停止。余下的原油怎么开采？这就有一个将各种驱油流体注入油藏中，把原油驱逐出来的需求，即需要利用提高采收率的技术。提高采收率的一个常用且相对经济的方法是用水作为驱油介质，如果把自流作为一次采油，那么注水驱油就是二次采油。

CO_2 气体也可以作为二次采油的重要介质。与水相比，CO_2 具有黏度小、萃取石油能力强、人工注入容易等优势。原油溶解 CO_2 气体之后，其膨胀能力增强、黏度降低，从而流动性能得以提高。地下原油组分多样，当 CO_2 压入后，它对原油中的轻质组分萃取有较强选择性，从而驱使更多原油流动并被开采，减少了残留在地层中的原油量，并可相应降低后续三次采油的成本。

注入油藏中的 CO_2 气体，经过驱油之后，或溶于地下水中，或与地层中的相关元素反应而固化，或存留于岩石孔隙之中，最终可永久性封存于油藏中。部分随原油流出地表的 CO_2 气体，则可通过回收实现再循环利用。

CO_2 用于二次采油，技术上已相对成熟，在全球范围内已处于商业应用阶段，全球已做过多个 CO_2 强化采油项目。我国的原油一次采油率不高，故对二次采油、三次采油的技术需求非常大。从 20 世纪中叶开始，就有用 CO_2 气体进行二次采油的示范性项目。最近，有关实体在多个油田开展了规模化 CO_2 驱油及封存的工程项目，该技术显现出良好的应用前景。当然，我国的油田大多为陆相沉积，与海相沉积相比，地底下的复杂性要高得多。因此，若要充分了解 CO_2 注入油藏后，有可能出现的一系列变化，真正掌握其规律，今后还有许多基础性工作要做。

问题 166：CO_2 如何用于开采煤层气？

煤层气就是大家常说的瓦斯，它是共生在煤层中的烃类气体，以甲烷为主，地质上常称其为非常规天然气。在煤层中，煤层气或者吸附在煤基质颗粒表面，或者游离于煤炭孔隙、裂隙之中，或者溶解于煤层水中，因此与天然气气藏相比，它的赋存状态不同，气体丰度也更低。过去，人们并不真正将煤层气作为资源，反而在煤炭开采过程中，要防范其浓度过高发生瓦斯爆炸而时刻通过通风装置将其排放到大气中。但煤层气是一种相对洁净的优质资源，其热值与天然气相当，因此随着时代的发展，如何把煤层气开采出来并加以利用，同时减少对大气的甲烷排放，便成为一个很受关注的课题。

我国煤炭储量居世界第四，过去每年在采煤过程中向大气排放的煤层气有 300 多万立方米。如果把这部分煤层气收集起来，再加上从地面打井可开采的煤层气，估计我国每年煤层气产量所能转换的能量可超过三峡电站的发电量。因此，国家已把煤层气的地面打井开采作为一个重要的能源获取手段。

把 CO_2 气体用于开采煤层气，在操作上是从地面打井到目标煤层中，其中有的井用来注入 CO_2 气体或混合有 CO_2 的流体，有的井则作为生产井用来收集煤层气。由于煤对 CO_2 相比于甲烷具有更强的吸附性，因此注入的 CO_2 可以促使甲烷从煤基质颗粒表面上脱吸附，并通过煤层的孔隙、裂隙运移到生产井中，而注入的 CO_2 则通过吸附作用、孔隙填充作用等过程封闭在煤层中。煤层充填了 CO_2 之后，可防止地层的变形和煤层在地下的自燃。可见，这样的操作对深部煤层来说更为适当，因为深部煤层的开采成本高，一般在今后一段时期内还不具备开采条件。因此，把煤层气用 CO_2 置换出来，既可获得相对洁净的资源，又

能把 CO_2 封闭其中。

目前该技术在全球范围内已进入工业示范阶段，据一些业界人士估计，十年内该技术将发展到有商业应用价值的水平。

问题 167: CO_2 如何用于强化天然气开采？

天然气的主要成分为烷烃，其中以甲烷为主体，它不溶于水，密度较低。同原油在地下储集一样，天然气需要有封闭的地层构造环境。事实上，大量天然气同原油储存在同一圈闭构造中，故有"油气藏"之称，有的天然气则独立成藏。天然气开采同原油开采一样，都有提高采收率的实际需求，CO_2 用于强化天然气开采即是为了提高其采收率而研发的技术。

这项技术需要在注入井中把超临界态的 CO_2 注入枯竭气藏内部。所谓超临界态，即温度超过临界温度 $31.1\,℃$，压强超过临界压强 7.38 兆帕。这个状态下的 CO_2 是一种高密度介质，在物理特性上兼有气体和液体的双重特性，密度介于 $200kg/m^3 \sim 800kg/m^3$，是气体的几百倍，近于液体水平。把这样的介质注入油气藏底部、地下含水层之上以后，CO_2 在浮力的作用下会向构造圈闭的顶部运移，并借助 CO_2 与甲烷的物性差异，通过驱动 - 替代作用和解析作用把天然气驱赶到生产井中。这样，在提高天然气采收率的同时，实现了CO_2的地质封存。

一般天然气的圈闭构造有差异，故采收率的差异也较大。通过CO_2强化天然气开采，既能置换纳米级孔隙中的游离态甲烷而实现采收率的提升，又能通过CO_2封存而保持地层压力。

这项技术在国际上尚处于中期工业示范阶段，已有一些规模较小的试验性项目。我国对这项技术也比较重视，相关研发和生产单位正在开展实验模拟工作，待国内的一些小规模气田临近枯竭时，即可进入现场试验阶段。

国际能源署估计，世界范围内的枯竭气藏大约可封存1400亿吨CO_2，其量会大于油藏封存CO_2的潜力。但这里必须指出，这方面的技术还处于初步发展阶段，仍有大量的基础性问题需要解决，比如科技界还没有很好地理解和掌握CO_2和CH_4的混合机制及混合控制方法，也缺乏对气藏密封性能的系统评价方法等。

问题 168：CO_2 如何用于强化页岩气开采？

页岩是一类在静水环境下沉积形成的岩石。正因为处在静水环境中，粗颗粒的泥沙在到达这样的沉积环境之前已先行沉积，因此页岩的沉积物多为黏土，特别细。由于页岩一次的沉积量不大，沉积层很薄，类似于书本的书页，故以页岩形象性地命名之。页岩的沉积环境多为大湖、大陆架、河流三角洲外缘，其沉积过程中往往含有大量有机质，因此其成岩以后含有油气。页岩中的天然气赋存状态一般为孔隙和裂隙中的游离态和吸附在沉积物颗粒表面的吸附态，其中的甲烷很难自由流动是页岩气的一大特征。

页岩气为非常规天然气中的一种，其资源量分布非常大，据估计，全球页岩气资源量同常规天然气相当，甚至高于常规天然气，其中北美、中亚、中国等的资源量居于前列。大家熟知的美国"页岩气革命"就出现在页岩气开采技术突破后，它使得美国的油气自给率达到了很高的水平。

页岩非常致密，用常规天然气开采技术达不到目的，因此需要技术的创新。先进的页岩气开采技术主要体现在水平钻井技术和水力压裂技术的结合。水平钻井是指先垂直打钻，打到目标层以后钻头再做水平运动；水力压裂就是通过水平井把水、化学溶剂、泥沙等灌到地层，再用地表装置传递下去的巨大压力把地层压裂，增加页岩气储层的裂缝，以便页岩气能通过裂缝运移出来，最后通过生产井采收。

CO_2 强化页岩气开采技术利用超临界 CO_2 作为溶剂，通过水平井注入地层中，通过 CO_2 气体压力驱动孔隙、裂隙中的页岩气流动，同时通过它在沉积物颗粒表面上的吸附能力强于甲烷这一特点，把甲烷解吸附。这个过程一方面提高了页岩气的开采效率，另一方面把 CO_2 封存于地下，同时 CO_2 替代水作为压力溶剂，还可减少对页岩气储层的伤害。

CO_2 无水压裂成本过高，这是本技术应用的一个主要障碍。

问题 169：CO_2 如何置换天然气水合物中的甲烷？

天然气水合物是天然气和水在低温高压条件下形成的类冰状可燃物质，因此被称为"可燃冰"。天然气水合物主要分布在一定深度的海洋中，尤其是在几百米以深的盆地和陆架中。在这些区域，沉积物中的有机质在厌氧条件下，被甲烷菌转化为烃类物质，充填到沉积物的孔隙中，并同水一起结晶成为类冰状可燃物质。天然气水合物在全球范围内的储量非常之大，它也是一种非常规天然气。但由于天然气水合物分布在深海或永久冻土层中，要将其开采出来，还有一定的困难和风险。尤其是它对环境变化非常敏感，一旦在开采过程中出问题而导致天然气水合物中的甲烷大量释放，则将可能引起严重的大气温室效应。为此，如何安全地开采和利用天然气水合物，一直受到一些科研团体的重视。在这方面，缺少能源的日本一直在花大力气做研究，原因是日本海域也分布有大量的天然气水合物。日本科学家提出的一条途径是通过加热把天然气水合物从固态转变成气态，从而达到开采之目的。但加热法或减压法具有能耗高、效率低的缺点，并且还不能排除对沉积层产生严重扰动而大量释放甲烷气体的风险。为此，另有日本科学家提出了用CO_2置换天然气水合物中的甲烷的设想。

这个设想是把CO_2气体注入含有天然气水合物的沉积层中，比如水深在800米左右的陆架中，由于该天然气水合物储集层的温度很低而压力较高，CO_2气体注入后，会被冷却成干冰并释放出热量，这些热量会被天然气水合物吸收，从而把固态可燃冰转换成气态物质。这些气态物质即可通过生产孔而被收集，同时CO_2也得以封存在海底。据理论测算，此方法会在能耗、效率上优于加热法。

该技术在世界范围内只有日本做过工业化试验，但日本的科研人员还没有公布相应的结果，因此尚无法从经济角度和技术角度判断其可行性。我国过去做过两次天然气水合物的试采实验，但并没有利用这项技术。从国际学术界的主流态度看，总体上不赞成匆忙开展天然气水合物的开采工作。但大量资源在那儿摆着，总归会有国家或公司不断地开展试验性开采工作，也总会有一天将其安全地开采出来。

问题 170：CO_2 如何用于铀矿的浸出增采？

铀是核电站的"燃料"，随着碳中和进程的深入，国际社会对铀金属资源的需求还会有较大幅度的增长。铀是相对稀缺的元素，它在地壳中的平均含量只有 2.8ppm，但分散的铀可以通过一定的地质作用富集起来，从而形成具有开采价值的矿床。根据国际原子能机构的方案，铀矿床有砂岩型、脉型、火山岩型、变质型、褐煤型、黑色页岩型等 14 种类型。要从矿石中开采并富集铀，常用的一种技术是化学浸出法。这种技术既可以把矿石采出粉碎后对铀金属作浸出富集，也可以在条件允许的情况下，采取原位（地下）浸出法。

把 CO_2 的封存同铀矿的开采结合在一起是一种比较成熟的技术，它主要应用于砂岩型等沉积作用形成的铀矿床。这样的矿床一般呈层状分布，便于浸出液的侧向流动及通过孔隙、裂隙与沉积物颗粒表面的充分接触。主要的操作是分别把注入井和生产井打钻到矿层中，从注入井中加入 CO_2 与化学浸出液，从生产井中回收浸出液。CO_2 在这个过程中的作用主要是调整浸出液的酸度，从而增强对含铀矿物的选择性溶解。

CO_2 铀金属原位浸出开采技术在我国已实现工业应用，它不需要经过矿石开采、粉碎等环节，因此没有尾矿、废渣等问题，也有利于开采结束后对地下水环境的及时修复。

但我们也要认识到，该技术只对碳酸盐含量较高、孔隙度较大的沉积型铀矿的开采有较大优势。实际情况是，不少矿床并不具备这样的原位开采条件，尤其是那些在空间分布上具有很大不均质性或形态不规则性的矿床。因此可以想见，用该技术能封存的 CO_2 量不会太大。

问题 171：CO_2 如何用于开采地热？

全球地热资源非常丰富，但由于其能量密度低，如何对其经济有效地开采和利用，一直是技术研发的着力点。传统上，地热开采多以水为工作介质，比如针对温度高、埋深大、基本不含流体的干热岩，通过从地面打两口井，一口井灌入水，以水为介质提取地热，另一口井则回收加热后的水，水在地面做功冷却后再循环利用。把 CO_2 气体用于地热开采，是用它替代水作为工作介质，同时在合适的条件下封埋一部分 CO_2，以达到人为固碳的目的。

这类技术有两条主要路径，一是针对高渗透性岩层中储存的地热能。这类储层或岩层中通常含有液态或气态流体，当 CO_2 通过输入井进入目标层时，地层中已有的热的流体被驱移，通过生产井带出地面，一部分注入的 CO_2 也会在地层的高温环境中被加热，并随原有的孔隙中的流体从生产井运移至地面，这些 CO_2 在地面交换出热量后可循环利用。还有一部分 CO_2 则被封存于地层的孔隙中。

另外一条采热路径是针对深埋地下的干热岩。要先通过工程措施，扩大干热岩内部的裂隙，然后把处于超临界状态的 CO_2（基本处于液态）注入岩体中。CO_2 在干热岩体内被加热，然后通过生产井返回地面。这部分 CO_2 交换热量后可循环利用，同时会有一部分 CO_2 被封存到干热岩的裂隙系统中。

美国和澳大利亚在过去十年间投入了大量资金研发该技术，目前已经初步具有较完备的干热岩开发技术体系，我国在这方面则尚处于基础研究阶段。

同用水做工作介质的地热开发技术相比，用超临界 CO_2 做工作介质有一些明显的优势：一是 CO_2 具有较强的膨胀 - 压缩性能，同时具有较小的黏度，从而在干热岩地层中更具流动性；二是 CO_2 可直接对机器做功，省却同其他流体交换热能这个环节，使得热损失相对较小；三是可达到封存一部分 CO_2 的目的。

但成本过高是这项技术难以在近期内推广应用的主要障碍。

问题 172：CO_2 地质封存和地下矿化的技术内涵是什么？

CO_2 的地质封存可比照油气藏的形成。原油和天然气都是流动性很强的流体，它们之所以能在形成以后，在地下保存数千万年甚至数亿年，是因为它们在地下运移到合适的圈闭构造中以后，不再具有往外逃逸的条件。CO_2 的地质封存就是通过地球物理勘探手段，发现地下深处具备储存 CO_2 的地质条件，再通过打钻，把 CO_2 从钻孔中灌注到深部封存。这样的封存一般需要在 800 米以下的深度，因为在这个深度下，CO_2 会转变成高密度的超临界状态，从而既节省了封存空间，也有利于进行长期封存。

CO_2 的地下矿化是指利用深部硅酸盐地层中钙离子含量较高的部位，通过钻孔注入 CO_2，促使 CO_2 同钙离子反应生成碳酸钙，由此实现 CO_2 的永久性封存。在目标地层合适的情况下，通过这种方式封存的 CO_2 量较为可观。

近十年来，世界各国对地质封存（地下矿化也可以视为地质封存）的研究、示范做了不少项目，比如冰岛、美国、法国等合作，把冰岛一家地热发电厂捕集的 CO_2 注入玄武岩（硅酸盐的一种，钙、镁含量较高）之中，发现在两年的时间内，注入其中的 CO_2 有大约 95% 可同钙、镁离子结合形成稳定的碳酸盐。但总体来说，这类地质封存技术在世界上还处于先导性试验阶段，我国尽管有不少单位在从事这方面的研究工作，但真正的野外现场实验性工程还做得不多。

从研究工作本身的逻辑评价，地质封存工作如要大规模开展，还得解决几方面问题。首先是这样做的必要性。

这类地质封存并不产生经济价值，但其工程本身的投入又会非常大，而气候变暖是一个具有强烈"外部性"的问题，谁愿意为这样的"空转"而投入大量资金？其次是技术本身也有待发展。比如用什么手段评价可封存地质体的容量？封存后用什么方法评价其效果？最后是降低成本的需求。地质封存的链条很长，从捕集 CO_2、压缩 CO_2、运输 CO_2，到工程封存 CO_2，每一步做起来都会花费大量资金。

问题 173：CO_2 深海封存的技术内涵是什么？

海洋碳库巨大，其总碳储量是大气圈碳库的 50 倍左右。我们还可以把整个海洋碳库分成浅表层水碳库和中深层水碳库。浅表层水同大气圈接触，通过海气界面同大气圈交换 CO_2。中深层水同浅表层水之间也有 CO_2 交换，但由于风浪等过程产生的能量只在浅表层起作用，因此浅表层水与中深层水之间的 CO_2 交换速率很小。也就是说，现在大气圈的 CO_2 浓度不断增加，从海气相互作用角度论，大气圈的 CO_2 可大量溶解到浅表层水中，但由于中深层水同浅表层水之间的物理交换较弱，在浅表层积累的 CO_2 并不能"及时"进入中深层水中。

中深层水的碳库容量是浅表层水的 40 倍左右。由此可见，中深层水在吸收 CO_2 方面具有很大的潜力，学术界经

常提到的深海封存 CO_2 就是针对这一特点提出的。

从操作角度看，深海封存 CO_2 首先要把工厂排放的 CO_2 收集起来，通过物理过程对其压缩、装罐，再通过陆路运输到海边，接着装船运到外海，最后通过很长（百米级甚至千米级）的管子将 CO_2 注入深部海水中。可以想见，这样的操作非常消耗人力、物力，但除了能把数量有限的 CO_2 "埋藏"起来，并不能产生其他可见效益。正因为如此，这项技术目前还停留在基础研究阶段。

利用海洋固碳一直是"想象空间"很大的话题，也一直颇受学术界关注。以前有一些学者从促进海洋浮游植物光合作用的角度，提出重点研究表层海水，在其中找到能限制浮游植物生长的微量元素，并从地质时期浮游植物"勃发"及"生长不旺"时期间的对比研究入手，推测二价铁是一个限制浮游植物光合作用的重要元素，进而提出寻找适当的区域，到海洋表面去人工播撒硫化铁物质。后来，这样的提议基本被学术界所否定，因为这样操作的成效会非常有限，而又需要巨大的资金投入，并且还有哪个国家愿意为大家做此类"傻事"的问题。

另有学者根据下述现象提出固碳建议，即海洋中溶解的碳从比例上看是以无机碳为主，但从总量上看溶解的有机碳也非常多，而其中绝大部分是不能被海洋生物所利用的"惰性溶解有机碳"，它们的总储量同大气的 CO_2 储量相当，并且储碳周期长达 5000 年左右。这样的惰性溶解有机碳可通过海洋中的微型生物由活性溶解有机碳转化而成，由此有学者提出利用海洋中数量庞大的微型生物将活性溶解有机碳转化成惰性溶解有机碳，进而促进海洋发挥固碳作用。但这个建议同样有在操作层面上如何实现的问题，更有在如此浩瀚的海洋中，怎么通过人为努力解决在效率上只是"沧海一粟而已"的问题。

问题174：什么是生物质闷烧还田固碳？

生物质闷烧还田就是在缺氧和中低温条件下，把生物质热解而形成生物碳，再把生物碳还田。这一技术既可以进行工厂化操作，又可以用简易的办法小规模操作。由于生物碳具有保水、保肥、改良土壤物理性状等优点，因此这是一个成本较低而又有一定效益的固碳手段。

从成本角度看，这项固碳技术是低成本的，因为原料来源广泛，种植庄稼产生的秸秆、田边的杂树杂草、木材加工废弃物、林业和园林上修剪树木所产生的废弃物都可以用作原料。这些原料已通过光合作用固定了碳，如果任其腐烂，则大部分碳还会返还到大气中，而把它们闷烧成生物碳以后，就可以使其长期保存在土壤中，从而起到固定碳的作用。

从操作角度看，这方面的技术也比较简单。闷烧的能量来自生物质本身，缺氧和低氧条件只需控制生物质同大气的接触程度即可。氧气受到隔绝，燃烧的温度自然不会太高。也就是说，即使在田间地头，也可以做到缺氧和中低温条件下的闷烧。

从闷烧产物的角度看，这些生物碳多孔隙，是保水、持肥的好材料，对农业减少农田施肥总量有辅助作用；生物碳本身又可防止土壤板结、促进土壤生物活动。此外，如果有激励政策推动，那么生物碳的产量可以大幅提高。

正因为有以上优点，生物质闷烧还田技术近年来受到多方重视。

问题 175：什么固碳途径最好？

这是一个目前不易回答的问题，但也应该是要通过不断讨论，力求给出可靠答案的问题。

到目前为止，各种固碳技术或方法已被提出，有的只停留在基础研究阶段，有的已进入先导性试验阶段，有的已进入商业模式探索阶段。但这里必须指出，大部分技术还在发展之中，目前还不是能给出肯定答案的时候。

或许对一种固碳技术生命力的评价，应该有多个指标。一是投入成本。这个成本应该是可量化的，即固定单位重量的碳需投入多少资金。可以想见，随着技术的进步，这个成本也会是变化的。二是效益。效益评估有时候较为困难，因为不同技术会产生不同的收益，比如 CO_2 用于工业产品的生产，我们在本章第二节中介绍了多种方案，这些方案或技术都会有"产品"。产品是可以作价的，当然这样的作价还是会随着产品的稀缺程度变化而变化的，它们还需要同通过传统方法生产的同类产品作对比。由此可见，这里说的效益有两方面，既包括固碳量，也包括所得工业产品的市场价格。三是技术的可推广性。这一点非常重要，一项好的固碳技术，如要发挥作用，兼具可复制、可推广、易操作这三个特点非常重要。四是对固碳价值的衡量。我们现在重视碳减排和碳固定，那是由于对未来气候变暖的担忧，怕的是继续任由大气 CO_2 浓度增高，地球上的气候、环境、生态灾难会增加。正因为如此，碳固定被赋予了价值，但这也表明这个价值是不易定量的，并且不同国家之间、不同行业之间，甚至是一个时期和另一个时期之间，单位重量的固碳价值也会是不同的。五是如何评价生态改善的价值。我们知道，通过生态保育和修复来实现碳固定，至少到目前为止，其方法是最简单的，效益也是最容易感受到的。如果这个生态建设是针对森林而言，那么其经济上的收益也是可以定量评估的。但生态建设还有一个更大的收益，那就是平常不断有人提起的"生态系统服务功能"。这个服务功能可以使环境更美好，居民的生活更舒适，经济社会可持续发展的根基更牢固。但谁也不好回答：这样的服务功能值多少钱？

基于这五个指标，我们再来评价各种CCUS（CCUS是Carbon Capture and Utilization–Storage 的缩写，可译为"碳捕集及利用封存"）。对工业利用固碳 – 封存和地质利用固碳 – 封存来说，成本都来自两大环节：一是把 CO_2 捕集起来，有些可能在利用前还要进行纯化处理，再把它们运送到能进一步操作的场所；二是在利用过程中达到封存 CO_2 的目的。在第二个环节中，有些被封存的 CO_2 在一段时期之后，还会再次返回到大气中，比如把 CO_2 制成甲醇，甲醇燃烧后即释放出 CO_2，而有些基本可以被永久性封存，比如将 CO_2 用于驱油、驱气等。

至少到目前为止，捕集、压缩、运输 CO_2 的成本都非常高，把它做成工业产品，如果没有政府的高额补贴，还不具备市场竞争力；如果把 CO_2 纯粹用于地质封存和海洋封存，大概会进入"空转"的怪圈，在一段比较长的时期内，不太可能会被大规模应用；如果把 CO_2 用于驱油、驱气再封存，那么在 CO_2 不需要提纯和远距离运输的前提下，从成本 – 效益上比较应该是有一定前景的。

但是不管怎么说，这些技术的研发、示范以及知识产权的积累，都是非常重要的。尤其是对我们这样的大国来说，就应该把对这些技术的研发作为科技自立自强的一个组成部分。

生态固碳，不但可以做到大规模应用，也会产生很好的经济效益和社会效益。因此，无论在我国实现碳达峰之前，还是从碳达峰向碳中和阶段进军，都应将生态固碳作为固碳的主要选项。

问题 176：我国到碳中和阶段还能排放多少 CO_2？

这个问题不好确切地用数字回答，但回答这个问题的逻辑框架已基本明确，那就是根据全球碳循环以及固碳技术和区域性固碳结果的研究。

我们在第一章中即介绍过，过去几十年来，人为排放的 CO_2 不到一半（约 46%）留在大气中，其余部分则被海洋（约 23%）和陆地表层系统（约 31%）吸收。关于陆地表层系统所吸收的那部分碳，生态系统起了最为重要的作用，这就是碳排放同碳固定之间的动态平衡。针对碳中和目标，如果我们把人为固碳部分考虑进去，那么可以导出以下关系式：

排放量 = 海洋吸收量 + 陆地表层系统吸收量 + 人为固碳量

随着 CO_2 排放的继续进行，大气 CO_2 浓度一定会继续增高。浅表层海洋对 CO_2 的吸收比例是会增大还是会减小？这是不断被人问起但又不易预测的问题。考虑到这个比例在过去几十年里比较固定，我们应该有一定把握假设这样一个前提：海洋将以过去的方式和比例继续吸收人为排放

的 CO_2，也就是排放量的 23% 左右。至于陆地生态系统的固碳量，则可以根据气候条件的变化、森林覆盖率的变动、森林年龄的大小等因素推算预估。关于这一点，在本章第一节中已有介绍，我国相关科研机构已对我国陆地生态系统的固碳潜力做了预估。

针对我国 2060 年前达到碳中和的承诺，我们大致可以做这样的考虑：如果到时候我国每年排放的 CO_2 总量为 25 亿吨，那么海洋可以吸收 5 亿吨以上（$25 \times 0.23 = 5.75$），生态系统的吸收量可以达到 13 亿～ 15 亿吨，如果到时候人为固碳作业能固定 5 亿吨，那么我国就基本能达到碳中和状态。这里面有一点还没有考虑进去，即陆地表层系统的吸收量会明显大于陆地生态系统的吸收量，比如曾有学者估计，我国每年由于水土流失（包括水蚀和风蚀）而进入河床、河口、湖泊、海洋中的有机碳就有数亿吨之多。

我国目前每年排放的 CO_2 在 100 亿吨左右，如果在 2060 年前能把它减到 25 亿吨，那就是非常了不起的成就。如果做到这一步，我们就可以自豪地宣布，我国兑现了碳中和的承诺。

问题 177：如果全球做不到碳减排该怎么办？

这也是一个经常被提起的问题。

全球在技术研发到某个程度时，一定是可以做到碳减排的，但即便如此，还存在这样的可能性：人类通过碳减排并没有真正阻挡增温带来的危害（比如海平面上升），因而有可能需要采用更加激进的人为手段干预气候变化进程。人类有这样的手段吗？

对此，学术界已提出两种颇有"想象力"的解决途径：一是到大气圈的平流层上空喷洒气溶胶，二是到大气对流层的一定高度上喷洒气溶胶。这些途径被称为"地学工程"。

到平流层上空喷洒气溶胶的提议受到了火山喷发使气候变冷的启发。可能大家还记得，20世纪末，菲律宾的皮纳图博火山频繁地爆发，其喷发的烟柱高达几千米，并有一部分火山灰物质进入大气圈的平流层中。之后产生的是致冷效应，即火山灰物质阻挡了一部分太阳辐射到达地面，这个结果与温室效应相反，从而导致在一到三年的时段内，全球地表的平均温度下降了零点几摄氏度。比这大得多的致冷效应在地质历史上的白垩纪晚期曾出现过。科学家推测，当时有一颗小行星落到今天墨西哥的尤卡坦半岛，爆炸后的尘埃大量进入大气圈的平流层中，从而导致地球快速变冷和光合作用能力急剧下降，恐龙家族由于缺少食物而灭绝。

另一个地学工程措施是在大气圈的对流层上做文章，也是通过喷洒气溶胶来增加水汽凝结核，由此促使云层增厚而把阳光的一部分反射回太空，这个作用亦可称为"阳伞效应"。

应该说，这样的建议在理论上是可行的，也一定会在"致冷"或"拒暖"上起到一定的作用。但真正要把这样的研究结果付诸实践，则会碰到一系列问题。首先，怎么做"可行性试验"？现在提出的一套建议只是在计算机上通过数值模拟而发现可行性，但并没有"外场试验"结果予以证明。科学研究强调实验检验，而事实上这样的检验难以开展。其次，如何防范副作用和不良效应的产生？也就是说，可能出现这样的情况：通过人为努力，增温是得到了遏制，但其他负面效应也随之而来了。比如说，1998年我国长江流域发生的洪涝灾害，就有不少研究者通过计算机模拟后，认为同菲律宾的火山喷发有关。更多的问题是，要做这样的事，怎么达成全球共识？怎么采取全球统一行动？怎么分摊资金？这一系列的问题在没有"全球性政府"的背景下，是不太可能得到解决的。正因为如此，地学工程目前看来还只停留在科学畅想或科学研究这一阶段。对人类来说，真正要做的还是如何适应气候变化。

05

第五章

支撑保障体系

实现碳中和，说到底是要实现经济社会的大转型，这就需要全社会形成推动这个大转型的合力，这会牵涉到经济社会运作中的方方面面。应该说，除前三章所介绍的"硬性"技术研发体系之外，还应该有一个相对"软性"的支撑保障体系。

　　这个支撑保障体系中相对"硬一些"的内容是碳排放和碳固定的测量与评估体系。这个测量与评估体系之所以重要，原因在于在追求碳中和目标的过程中，一种产品、一家企业、一个地区乃至一个国家，它排放了多少碳，或人为固定了多少碳，需要准确测定，并作为不同实体"目标完成程度"的评价依据，乃至作为碳信用"交易"的依据。我们将在本章第一节中介绍这方面的内容。

　　这个支撑保障体系中更为广泛的内容在于有为政府和有效市场之间的合力，即能通过产业政策、贸易政策以及法律法规等方面的作用，促使市场对绿色低碳的技术和产业大胆投入，从而逐步推动碳基能源从市场上退出。我们将在本章第二节中简要讨论这方面的内容。

第一节　碳排放和碳固定的测量与评估

　　碳中和是一个全球性目标。纵观世界近代史，不同国家之间针对同一个目标，能形成如此广泛的共识，是从来没有过的。但国际共识也好，国际协议也罢，要真正公平、公正地执行，这里面的复杂性是不难想象的。首要的问题是：一个国家每年排放了多少 CO_2，又人为固定了多少 CO_2？

　　一个国家内部也会涉及类似的问题：一个省、一个地区、一个行业、一个企业乃至一种产品，它们在碳排放和碳固定方面的表现如何？应该用什么样的行政手段、经济手段甚至法律手段，来促使这些实体同国家实现碳中和的目标保持一致？这就牵涉到所谓"碳足迹"测定问题。

问题 178：国际协定中的核查和评估涉及哪些内容？

　　这里所说的核查和评估是针对《巴黎协定》履约国的，毫无疑问，一些排放大国，尤其是中美两国，将成为"重中之重"。

国际社会已经确定，从 2023 年起，以五年为一期，对各国的碳排放开展独立核查，用以评估《巴黎协定》的履约情况。在这样的情势下，国际社会及一国内部就需要针对碳排放和碳固定建立一套可测量、可报告、可核实的管理机制，即所谓"三可"管理机制。

但这套国际性的管理机制是很难做到一步到位的，从逻辑上讲，它需要通过几个步骤才能做到相对完备。第一步是仅仅针对 CO_2，即履约国每年排放了多少 CO_2？其中，化石能源利用排放了多少？土地利用变化排放了多少？化石能源利用中，来自煤炭、石油、天然气的排放量各自有多少？等等。

第二步是在核定碳排放的同时，估算各国的人为固碳量。这个人为固碳量既包括生态建设中形成的碳汇，也包括通过 CCUS 固定的碳，但自然过程中固定的碳不应包括在内。

第三步将针对所有温室气体的排放，也就是说，除测定 CO_2 的排放量之外，也要测定、报告、核实 CH_4、N_2O 等其他温室气体的排放量。

第四步（这一个步骤会同第一个步骤同步开展）是评估，首先是评估每个国家履约的情况，比如欧盟各国都承诺了 2035 年的碳排放要比其"基准年"有大幅度的下降，从它们每年的排放总量就可以评估其承诺实现的可能性。我国承诺 2030 年前实现碳达峰，其目标完成的可能性也可以从碳排放的逐年变化上进行评估。此外，更为重要的是，从履约国逐年的排放量，评估实现"将 21 世纪全球气温升幅控制在 2℃之内，并尽可能实现 1.5℃的温升控制"这一全球性目标的可能性。

问题 179：确定各国碳排放量的基本思路是什么？

基本思路有两个，即"自下而上"的清单法和"自上而下"的碳通量测量法。

清单法就是指各国自报清单。每个国家每年消耗多少化石能源，对于这个数值，每个国家的统计部门和相关国际组织是基本掌握的，这是排放清单形成的基础。也就是说，知道一个国家每年烧掉多少煤炭、石油、天然气，就可以大致确定其碳排放量。但要更为准确地形成清单，还需要测定"排放系数"。我们可以这样来理解：同样是热值为 5000 大卡的煤炭，由于不同产地的煤炭可能含碳量不同（比如煤炭含有 CH_4 气体的多少），它们在全部放热做功以后，排放的 CO_2 量就会有差别；即便相同热值、相同含碳量的煤炭，若用于不同的消费对象，也会有燃烧完全程度不同的问题（煤渣、烟筒飞灰就是不完全燃烧的例子）。由此可以获知，不同的化石能源，以及同种化石能源的不同消费过程，都会有不同的排放系数。

测定排放系数是一项非常基础但工作量又非常大的工作，大部分国家没有针对本国实际，测定出"排放系数"这个庞大的数据体系。为此，国际上在形成没有排放系数的国家的碳排放清单时，往往假定其为"完全排放"，即假定化石能源中的碳得到完全的燃烧而排放。这显然会出现高估现象。

我国通过多年的积累，已基本具有独立成系统的排放系数数据体系。

土地利用变化清单主要是针对"毁林"而言的，这方面的数据以目前卫星的观测能力，是可以做得比较准确的。当然，森林砍伐后，土地作为其他用途时，到底排放了多少 CO_2，也只能依靠模型来估算。

所谓"自上而下"的核查方法，是指直接利用大气 CO_2 浓度观测数据，独立验证全球碳排放清单的可靠性。它基于卫星、飞机、高塔、地面和航船等大气温室气体浓度观测数据，结合大气化学传输模式，反演区域及全球的温室气体交换通量，进而反演碳源和碳汇。

问题180：碳源与碳汇立体观测是一个什么样的技术体系？

碳源与碳汇立体观测体系根据观测平台的高度，通常分为涡度相关通量塔观测、CO_2 浓度高塔观测、空基平台观测（包括探空气球、遥感飞机等）和天基碳卫星观测四大类，它们可对不同空间尺度上的大气温室气体浓度和通量进行实时高频观测，从而用于快速估算人为碳排放量和地表系统的固碳量。

通常情况下，涡度相关通量塔观测可覆盖约 $1 \sim 3$ 平方千米的空间区域；CO_2 浓度高塔观测的覆盖区域可达 $100 \sim 1000$ 平方千米；空基平台的探测高度可达 20 千米，可观测城市尺度的人为 CO_2 排放，刻画区域大气 CO_2 动态变化的特征；天基碳卫星观测则可在全球范围内实现高频率温室气体探测。

世界气象组织已组建了全球大气观测网，在全球范围内有 31 个大气本底监测站。一些大国和区域也建有相应的子系统，比如我国有 1 个全球本底站、6 个区域本底站和 52 个省级监测站。这个全球大气观测网包括地区连续观测、离散的采样观测、高塔观测、长管大气成分采样观测、飞机观测和船舶观测等。它的观测数据由世界温室气体数据中心负责发布。

碳卫星技术主要利用气体的光谱吸收特征，再结合一系列数理模型，反演大气中温室气体的浓度。这项技术需要地基观测网络予以定标。从理论上讲，卫星观测数据可以对碳源和碳汇进行大尺度、全景式的观测，但由于观测精度尚有不足，它必须结合地面观测数据。如果要获得一国或一区域的碳排放数据，还是基于能源消费的清单法更为可靠。

问题181: 碳足迹是什么含义?

我们经常听到"碳足迹"这个词, 但它的含义在不同作者笔下, 会有一定的差别, 有必要在此做些介绍。

首先, 碳足迹是针对碳排放而言的, 但"碳排放"有狭义和广义之别。狭义碳排放主要是指 CO_2 排放, 广义碳排放则包括 CH_4、N_2O 等其他温室气体排放。其他温室气体可以根据其增温潜势换算成 CO_2 当量浓度, 这样一来, 碳足迹的单位就用多少重量的 $CO_2(e)$ 来表示。

其次, 碳足迹还有直接排放和间接排放的问题。我们平常所说的碳排放, 一般是指直接排放, 比如发电过程的碳排放、交通领域的碳排放等。但讨论碳足迹时, 还得包括间接排放, 比如一家工厂, 它得用电, 电力中有一部分是火电, 如果只考虑直接排放, 那么可以说电力生产过程的碳排放同这家工厂无关, 但计算碳足迹时, 就得把用电所产生的那部分碳排放统计在内。

还有一点是碳足迹的消除, 比如一家工厂或一个行政区域通过统计直接排放和间接排放得出总的排放量之后, 如果还有"消除碳足迹"的活动, 比如把排放出来的 CO_2 收集起来并封埋于地下深处, 或者通过造林活动形成碳汇, 则最终的碳足迹应该是总排放量减去这部分碳汇。

从上面的介绍可知, 不太容易为碳足迹给出一个普适性定义, 但在统计一种产品、一个家庭、一家工厂、一个行政区域乃至一个国家的碳足迹时，是可以根据前面介绍的含义得到相应数值的。

问题 182：碳足迹有什么核算方法？

国内外学者一般认为有两大类核算碳足迹的方法，即生命周期评价法和投入产出法。

生命周期评价法一般是针对产品和服务而设计的。比如针对由多个部件组成的某种产品，它有原材料开采和加工、储存运输、生产组装、使用、废品回收处理等环节，在每个环节都可以根据其能耗情况，得到其碳足迹或碳排放量，把它们加和之后，即得到全生命周期碳足迹。对服务提供者的碳足迹，也可以做类似的统计。

生命周期评价法的关键是"边界的确定"。同样是一件产品，假设多个部件由外部生产，产品的最终生产者只起组装作用，产品生产后由外部使用，废品回收处置亦由另外的实体完成。如果我们统计这件产品的全生命周期碳足迹，则当然要把这几个环节的碳排放全部加和；如果仅仅统计组装者的碳足迹，则应该把部件生产者、使用者和废品处置者的碳排放排除在外。

由此可见，生命周期评价法对工厂、家庭、产品生产者、服务提供者等"小微系统"的碳足迹计算比较适用。

同时，我们可以看出，同样一种产品，由于不同国家、不同地区的能源结构不同、工艺技术不同、能源效率不同，其碳足迹可以有很大的不同。

投入产出法对"大系统"（如一个区域或一个国家）的碳足迹统计较为适用。它的核心是在区域或国家内，根据经济社会的活动，划分出多个部门，把每个部门的碳排放量核算出来，然后加和得到总排放量，如果这个区域或国家在人为"消除碳足迹"方面有成效，则应该用总排放量减去消除量，再得出它的碳足迹数值。

问题 183：如何核算产品的碳足迹？

核算产品的碳足迹，说实话对在国内生产和消费的产品来说，意义不是太大，但对未来的国际贸易产品来说，将是不得不予以重视的一件事，这是因为欧盟将在未来实行"碳边境税"。欧盟设置这个税种的基本理由是：对同样一件产品，如果在欧盟生产将造成某个数值的碳足迹，而在出口国生产时，如果碳足迹大于这个数值，则出口国获得了不公平的竞争优势，欧盟就要对此产品的进口课以相应的税额。这样的做法同发达国家长期以来搞"绿色贸易壁垒"的做法是一致的，只不过在应对气候变化的宏大叙事背景下，这样的做法似乎具有更强的"正当性"。

事实上，欧盟的一些进口商已经开始积累数据，对其拟进口商品的碳足迹做出估算。从这个角度看，国内从事出口贸易的企业必须学会如何核算其出口产品的碳足迹。

我们前面说到，产品碳足迹核算可用生命周期评价法，但对出口产品来说，由于使用者在境外，未来的废品回收处置也在境外，故只需把产品生产、包装、运输到境外的各个环节的碳排放量核算准确即可。

对不少商品来说，核算的环节会非常多，也会非常繁复。以一件机电产品为例，首先它需要多种原材料，每种原材料的开采和冶炼以及运输到生产厂家时都有碳排放问题，并且同种原材料在不同厂家生产时，它的碳排放强度往往是不同的，这就需要厂家在原材料采购阶段，就把它们的碳足迹了解清楚。生产厂家把原材料加工成机电产品时，可能会用到化石能源，也一定会用到电力，化石能源利用的碳排放量较易核算，而厂家要掌握所用电力的间接排放量则不太容易。产品形成后出口，还有包装、储存、运输等环节。这些环节都会产生碳足迹，故都要进行相应的核算。

总之，任何一类产品，在不同工厂生产，产生的碳足迹是不同的。即使是同一工厂，不同时段生产出的同一类产品，碳足迹也会有区别。真要掌握在贸易谈判中的主动权，厂家就不得不为此增加管理成本。

问题 184：如何核算企业的碳足迹？

特定企业在其生产经营过程中产生的碳足迹应该相对比较容易统计，这是因为一家企业在特定时段（比如一年）中所产生的碳排放主要来自以下两大块：一是燃料燃烧的直接排放，二是外购电力的间接排放（此电力既可以包括生产过程，也可以包括经营过程），而燃料利用既可以用在生产阶段，也可以用在运输、经营等阶段。一般来说，燃料燃烧可以假定为完全燃烧，而电力的间接排放量计算有可能会复杂一些，这是因为一年内不同阶段购买的电力中，火电所占比例有可能是变化的。

根据生命周期碳排放的定义，还得把上游原材料生产、下游产品使用，以及废品回收处置所造成的碳排放也统计在内。其实这是没有必要的，上下游的活动都由独立的实体完成，这些环节产生的碳足迹应该统计到不同企业中去。

总之，统计企业的碳足迹，应该以独立法人单位为基本单元。

有的企业通过植树、经营碳汇林等方式，试图消除一部分碳足迹。这是值得鼓励的做法，在最终给出某一企业的碳足迹数值时，应该抵消相应的排放量。

我国发改委于 2013 年 10 月开始，分 3 批对 24 个行业的企业温室气体排放核算和报告方法发布了指南，这为企业编制碳足迹报告打下了基础。

问题 185：如何核算区域或国家的碳足迹？

国家有明确的边界，区域（比如省、区、市）也有明确的边界。统计二者的碳足迹，有一定的相似性，主要由三大部分组成：一是边界内化石能源（煤炭、石油、天然气）的利用，二是从外购买的电力所产生的间接排放，三是穿越边界的"碳流动"。

一个国家或一个大区域中，每年利用的煤炭、石油、天然气的量可以比较精准地统计，但这些燃料（尤其是煤炭）在利用过程中的"排放系数"会有差别，如果一个国家在这方面基础数据做得扎实，燃料燃烧产生的排放总量就可以较为准确地核算，这就把一个国家或区域碳排放的"大头"定下了。

许多国家或区域有购买外来电力的需求，因此存在间接排放的问题。这方面的统计需要下功夫，才能达到较为精准的程度。

穿越边界的"碳流动"（或叫作碳足迹转移）有些类似于国际贸易中的顺差或逆差。每个国家和区域都有这样的流动，这就需要从商品和服务贸易的角度，统计流入多少、流出多少，从而统计出一国或一区域是碳净流出，还是碳净流入。由此确定真实排放量。

随着应对气候变化的国际合作的深入，统计碳排放会向统计温室气体排放过渡，即 CH_4 和 N_2O 的排放量也将统计在内。

一个国家或区域的碳固定，主要是针对人为努力而言的，统计时主要包括三大块：一是生态固碳，二是产品固碳，三是 CO_2 封存。

由此，一个国家或区域的碳足迹就是总排放量减去总固碳量。

这里面有一个特别重要的问题，即数据自洽闭环的问题，也就是说，一国内各区域碳足迹的总和应等于该国的碳足迹量。在国家和区域分别统计时，做到这一点殊为不易。

问题 186：有必要制定碳足迹核算标准吗？

如果以后碳排放强度要进入政府的考核体系，一些发达国家真的着手征收"碳边境税"，国家内甚至国家间形成碳交易市场，那么针对经济社会运营过程的主要方面，尤其是针对产品生产过程和服务提供过程，系统地制定碳足迹核算标准是非常有必要的。

但制定普适性的标准是有难度的。举一个例子，同样是生产相同功率的太阳能电池板，由于工艺水平的不同、生产过程中用能总量的不同、不同厂家用能结构的不同，以及运输半径、经营方式等的不同，你很难对此制定统一的核算标准。

又比如前面多次提到的统计外来电力的间接排放，由于发电资源的不同，有些输电线路的绿电比例高，有些相对较低，即使是同一条输电线路，一年中也会出现有些时段绿电比例高，有些时段则相对较低。如此一来，核算间接排放的标准就必须是动态调整的。

正因为有这个难度，欧盟在征收"碳边境税"时，要求每种产品通过各个生产环节的分解，分别根据实际情况，计算出碳足迹，把产品到达边境时的各项碳足迹加总后，才是其总的碳足迹。这个思路也就间接地表明，制定统一的碳足迹核算标准是有很大难度的。

在追求碳中和目标时，国家有必要掌控碳足迹核算标准的制定权。

第二节　其他支撑和保障手段

本节主要介绍从"有为政府"的角度，该从哪些方面来推动低碳经济体系的建立，从而使"有效市场"的潜力充分发挥出来。

问题187：如何理解推动低碳技术进步的重要性？

要保证低碳经济社会的实现，促进技术的不断进步是关键，这里所说的进步，一个重要的衡量标准是绿色低碳能源的市场价格变得越来越低，从而完成对碳基能源的市场挤出。要做到这一点，就要在低碳能源、非碳能源尤其是可再生能源的技术研发上下功夫，使其在与化石能源竞争的过程中，不断获得价格优势和市场优势。同时，我们要认识到，在国际社会共同追求碳中和目标的背景下，某个国家在绿色低碳可再生能源的技术上获得竞争优势，它就可以相应地将这种技术竞争优势转化为其产品和服务的出口竞争优势。正因为如此，"技术为王"这一点在实现碳中和目标的历程中将得到充分体现。

我国人口众多、市场巨大，同时具有集中力量办大事的制度优势，为在低碳技术和产业的国际竞争中获得主动权，就有必要在政府主导下，建立一个全产业、全链条、全方位的技术研发体系，把我们的大学、科研院所、企业的科技力量（尤其是技术研发力量）组织起来，通过各类实验室设立、研发中心建设、研发任务下达、研发资金投入等措施，形成一个规模足够大、研发范围覆盖完整、官民产学研用金协同的研发体系，由此充分发挥出举国体制的独特优势。

长期以来，我们在产业技术上的优势是，一旦掌握了某项技术，就有能力快速降低成本，也就是人们常说的把产品做成"白菜价"，但劣势是我们不易从科学原理出发发明出新的技术，因而很难掌握"制高点"。未来的低碳技术产业体系，既需要在基础科学研究上寻求突破并发展出全新的技术，也需要有在技术出现后将其快速应用于产业的能力，更需要有通过快速迭代进步把技术在产业上的应用做到极致的本事。因此，政府与市场分工协同，形成一个创新能力强大的技术研发网络，从而支撑产业不断进步，将成为国家核心竞争力建设的一个重要组成部分。

问题 188：政府的财政补贴政策重要吗？

在推动绿色低碳技术研发，以及技术的示范应用、迭代进步的过程中，市场的力量固然重要，但政府通过财政补贴政策推动也是至关重要的。

财政补贴一般可以在几个环节起作用：一是技术从实验室到中试的过程，二是从中试走向工业示范的过程，三是产业化以后的迭代进步过程。在实现低碳经济的过程中，我们可以认为各种技术已经存在，或不难被研发出来，但这些新技术与传统的成熟技术相比，成本一般过高。要使这些低碳技术发展到有市场竞争力，就需要政府给予适当的财政补贴。在此过程中，新的技术一方面通过本身的不断成熟，另一方面通过规模生产效应，使其成本不断降低，从而完成低碳技术把传统技术与产业"挤出"市场的过程。

我国在这方面的一个成功例子就是光伏发电。大约在十年前，光伏发电的成本是火力发电的两倍以上。国家为促进光伏发电技术的进步，便对发电企业进行补贴，这个补贴是通过设定上网电价来实现的，这样的补贴使光伏发电厂、电池板生产厂、硅材料生产厂，即光伏发电行业的整条供应链中的先进企业均有利润空间。通过一期又一期上网电价的下降、企业本身的成本控制，以及光伏电池板发电效率的提升，目前光伏发电已经具有平价上网的能力，并且其发电成本还有继续下降的空间。

对未来实现碳中和目标必需的技术，比如先进的储能技术、工业生产中用绿电替代化石能源所用的各种技术等，都有必要通过财政补贴政策来占领产业上的制高点。

问题 189：税收政策有效吗？

税收政策和财政补贴政策都很重要。如果说财政补贴政策主要应用于技术研发阶段和早期产业化阶段，那么税收政策应该主要应用于产业推广扩张阶段。低碳技术的应用和产业的发展，一方面需要对这类技术和产业的扩张提供激励，另一方面需要对高碳技术和产业实行约束，以逐步完成前者对后者的替代。税收政策在这两方面都可以发挥效用。

从税收激励的角度看，可以对低碳产业提供税收减免措施；从税收约束的角度看，则可以对高碳产业提高税率，甚至设立如二氧化碳排放税这样的新税种。

我们可以做这样的设想：目前光伏发电和风能发电已经具备平价上网条件，如果下一步储能技术得以比较成熟，但低碳发电加储能的综合输电成本还高于火力发电和输电成本，国家就可以对火电征收合理的碳排放税，同时适当降低低碳电力的税率，从而有序地推动低碳电力对火电的替代。

我们在前面介绍过，在能源消费领域，需要用绿电来替代化石燃料，这是一个"电气化"的过程，需要重建工艺过程，可以想见，其成本一般会高于旧的工艺，这就需要用税收政策来做出调节。

某种程度上说，欧盟酝酿中的"碳边境税"，也是一种对高碳产业约束、对低碳产业激励的手段，不过它的做法被一部分国家批评为国际贸易中的"绿色壁垒"。无论如何，它这样做，并没有失去道义上的制高点。

问题 190：市场的力量关键吗？

前面我们强调了财政补贴政策和税收政策在实现碳中和目标过程中的重要性，但并不否定市场的力量，恰恰相反，我们相信要实现碳中和目标，市场的力量还是决定性的。这样说是基于如下认知：实现碳中和目标所需的基础性投资金额将是天文数字，政府不可能承担得起。

从前面介绍的碳中和技术需求来看，我们未来几乎需要重建工业体系，而不仅仅是构建一个能源体系。有的学者从经济学的角度做过这样的估算：我国如要建成低碳的工业体系和经济体系，大约需要几百万亿元人民币的投资。要使这样的投资具备高效率，显然需要依靠市场发挥作用。

市场也是提供各种主体公平竞争的平台。对同一种产业，同样为达到低碳之目的，往往会有不同的技术实现途径。比如低碳电力，既可以通过风、光发电，又可以通过水力和核能，太阳能又有光伏和光热之分，为克服风、光发电的波动性，又可以通过多能互补手段，还可以重点采取储能手段。这样一来，各种技术实现途径都有一个成本高低的问题，而市场只钟情于价格优势，即在同等水平下，谁便宜就用谁。这就需要利用市场的力量，让各种技术路线相互竞争，最终达到既减少碳排放，又保证能源价格相对低廉之目的。

从建立整个低碳经济的技术体系和产业体系的角度来看，保证各种技术路线的充分竞争，将起关键性作用。因此，要有切实措施，保证有为政府和有效市场的协同顺畅。

问题 191：如何发挥地方政府和企业的主观能动性？

自从国家提出"双碳"目标之后，各个地方政府和各大企业都积极响应，纷纷提出各自的减碳目标，有的地方还提出"建设零碳园区""率先实现碳中和"等。首先说，这是一件好事，因为碳中和目标的实现最终还得依靠地方政府和企业的不懈努力，但同时也要看到，地方政府和企业在规划其低碳发展路径时，还需要中央政府的指导、引导，同时更需要建立一套全国性的规范。

比如，一个园区或一个城市做到什么程度，才可以说它们建成了"零碳园区""零碳城市"，或者叫"碳中和园区""碳中和城市"？又比如，建"零碳园区""零碳城市"，一定会有额外的投入，这样的投入就会使这些园区、城市中生产的产品比别的地方更贵，这样的矛盾又该如何解决？因此，地方政府和企业有积极性是好事，但如果没有一套激励措施，那么这样的积极性是不可持续的。这就说明中央政府的指导和引导之重要性。

换一个角度看，我们追求碳中和目标，一定会有阶段性的目标，其中可以有一些条件特别优越的地区接近或达到"率先实现"的标准，以此来引领其他地区的相关工作，或者在国际上占据某种"制高点"。这也说明调动地方政府和企业的积极性很重要。

当然，对中央政府来说，最重要的是围绕"碳活动"建立一套完善的标准和规范，将其应用于地方政府和企业的评价考核，并使考核结果产生正面推动作用。同时，鼓励和引导企业参与技术研发和产业竞争，力争尽快掌握产业主导权。

问题 192：碳交易市场起什么作用？

从设计者的初衷来看，碳交易市场是为了促进碳减排而搭建的一个交易平台。

在哥本哈根气候变化大会之前，欧洲就已经开展"碳信用"（Carbon Credit）的交易，美国的一些州，如加利福尼亚州，近年也建立了区域性的碳交易市场。建立这样的市场，既要有卖方，即碳信用持有者，也要有买方，即碳信用缺乏者。买方也可能是碳信用"囤积者"，即那些在对碳信用单价将上涨的预期下，主动从碳交易市场上将其买入者，这类买方可称为"投资人"。20世纪90年代，从事气候变化研究的学术圈子中，曾流传这样一种说法，即欧洲在失去石油产业和半导体产业的主导权后，担心会失去金融中心的国际地位，于是便构想有朝一日将碳交易市场做成与半导体市场相当的规模。现在看来，这样的推测性说法并非空穴来风。

碳信用如何产生？从目前的操作看，有两个产生机制，其中一个来自行政力量。欧盟内部有碳减排目标，为此有个每年各成员国排放量的"天花板"，即配额分配。在这个配额下，一年下来，排放量超出者，需要从盈余者手里买入指标。另一个产生机制是欧洲在"清洁发展机制"的框架下，每年从其他国家（主要是发展中国家）买入碳信用，也就是说，发展中国家的水电、生物质能源发电，乃至生态建设，都可以折算成"CO_2减排量"。这个减排量通过发展中国家权威机构认证后，即成为碳信用。欧洲的资本把这样的信用买入后，便可到欧洲的碳交易市场进行交易。一般来说，发展中国家的等量碳信用的价格，只会是欧洲市场中的一小部分，即欧洲市场的交易者是"有钱可赚的"。当然，对发展中国家的那些"碳信用产生者"来说，他们并没有投入额外资金，即得到"天上掉馅饼"的好处，当然会高兴地卖出。

从这样的介绍可知，碳交易市场所交易的"商品"只是一个纸面额度，要使其产生稀缺性并在市场上得到资本的追捧，必须有一个行政机制提供支撑，那就是人为造成碳排放配额的相对紧张，并且在市场上造成碳信用单价将上涨的预期。

这样的设计也会使碳市场价格出现剧烈波动，甚至存在"击鼓传花式"的风险。哥本哈根气候变化大会之前，欧洲市场的碳信用价格很快拉升，因为当时市场预期，把"大气 CO_2 浓度控制在 450ppmv $CO_2(e)$"的条文将成为国际条约，但这项条文最终没有通过，欧洲碳信用价格马上出现"断崖式"下降。后来《巴黎协定》得以通过，碳信用价格又逐渐攀升到高点。"击鼓传花式"的风险还在于以后一旦低碳技术快速突破，碳排放配额不再紧缺，签约国家谁也不必再到市场上去购买碳信用了。如此一来，"囤积者"就相当于把"碳信用"砸在手里了。

现在还没有到我国承诺的碳达峰时间点，从逻辑上讲，建立类似欧洲那样的碳交易市场并不具备条件，因此我国现在的碳交易市场采用一种新的形式，即只是行业内部的碳排放配额调节，比如针对火力发电企业，由于技术与装备的不同，各个发电厂发出每度电，消耗的煤炭量是不同的。国家为了推动火电装备的更新提质，便设定每度电的碳排放限值，超出者需要从有余者手里购买排放配额。这样做，配额并不具备金融属性，也就把市场上的炒作资金排除在外了。

当然，在实现碳达峰并向碳中和目标进发时，国家为了促进低碳产业的发展，可以用碳补贴、碳税收、碳配额等工具，这要看哪种工具的效力更为明显。但在实现碳达峰之前，让一些企业甚至个人手里积累一些碳信用，似乎是一个不错的选择。比如我国每年产生大量的森林碳汇，尤其是曾经的"14个集中连片特困地区"，产生的碳汇量占全国的一半左右。这些地区脱贫之后，尚需外来资源的注入，才有可能把经济社会的发展水平推上一个新台阶。如果国家为这些地区做出碳汇认证，并让一些企业预先"积存"一些碳指标而购买这部分碳汇，那么应该是有意义的一件事。又比如，我们前面介绍过，水泥生产过程中的碳排放量很大，而其排放的大头来自原料 $CaCO_3$。如果我们用其他原料，比如磷化工产生的磷石膏（主要成分为 $CaSO_4$），取代一部分 $CaCO_3$，则可以实现部分碳减排。但这样做的企业需额外投入资金，假如这些企业能获得碳减排信用并可以将它卖给其他高排放企业，资金缺口就可以补上。对那些买入碳减排信用的企业来说，这样做是一个"赌预期"的选择，即国家在实现碳达峰以后，或许将开通碳交易市场，甚至有可能同国际的碳交易市场相连通。

当然，国家也可以引导这样的预期。

这里不得不指出，碳交易只是纸面上的交易，很难同实物联系在一起，因此具有与生俱来的投机性。另外，在一国内部建立碳交易市场，还得避免腐败的滋生。试想，层层分配逐年的排放配额，那是多大的行政权力！确定一个企业、一个地区、一个省（区、市）一年之中到底排放了多少 CO_2，那是多么困难的工作！如果这样的操作由行政权力执行，那么权钱交易的腐败似乎难以避免。此外，建立碳交易市场，需要建房子、建系统、招聘交易员，需要有大量资金参与，这些都是需要投入的。这些投入最终是要分摊到能源的成本中去的，而这就会不可避免地给企业和个人带来额外负担。

问题 193：实现碳中和需要哪些法律保障？

实现碳中和是一个长时间尺度的历史过程，其间必定会遇到大量需要调整社会各方利益关系的问题，因此需要有一套完整、完善的法律体系来规范、保障这个调整进程。事实上，许多国家已借助法律工具，把实现碳中和上升到国家意志的层面。

我国在生态、环境、能源、清洁生产等领域已有一套相对完整、完善的法律体系。如果从"三端共同发力体系"

建设这个角度出发，我们可以得出这样的结论：我国围绕碳中和具体工作方面的法律是基本具备的。在发电端，我们有电力法、煤炭法、石油天然气管道保护法、节约能源法、可再生能源法等，这些法律的总体目标是推进绿色低碳电力建设；在能源消费端，我们有清洁生产促进法，有围绕大气、水体、土壤污染防治的一系列法律，这些法律为能源消费端的绿色低碳化、治污与降碳协同增效这一进程提供了保障；在固碳端，我们有围绕森林、草地、湿地、海洋、水土保持等方面的较完整的法律，为通过生态系统保育、恢复、优化而得以固定更多的碳提供了法律依据。

除以上由全国人大通过的法律之外，我们还有各级政府制定的、在操作层面上落实相关法律的法规、条例、细则、暂行办法、管理措施、指导意见、工作任务、行动计划这一套体系，也有地方人大制定的各种地方性法规，这就为因地制宜地把法律落到实处提供了支撑。

但我们也应该看到，针对一些推动碳中和的专门性工作措施，还需要有更为细致的法律条文来规范、保障。比如，在能源消费端，未来需要通过"绿电替代""绿氢替代"来完成工业生产各领域的低碳化。这些替代的实现有赖于财政补贴、税收优惠、金融支持等措施的配合，由此需要法律为政府的行政行为提供工具。又比如，在固碳端，大量的CCUS操作是过去从来没有做过的，这就更需要法律来提供规范。

问题 194：政府怎样下好"全国一盘棋"？

要实现碳中和，政府的作用将显得十分重要，也就是说，政府要充分发挥其在规划布局、协调统筹、激励约束等方面的作用，调动全国各种力量，下好绿色低碳高质量发展这一盘历史性的大棋。

首先要根据战略目标做好短、中、长期规划，确定不同规划期内的具体目标，尤其是减少碳排放的量化目标，在此基础上，分领域、分产业、分地区落实任务，建立全国性的责任体系。用规划推进经济社会的发展，推动重大建设任务的落实，一直是我国发挥举国体制优势的抓手，这样做也是有为政府和有效市场形成合力的题中应有之义。

政府另一方面的重要作用是在总体的规划和工作目标之下，灵活发挥产业政策、税收政策、金融政策等的激励作用或约束作用，吸引和引导不同市场主体把追求绿色低碳发展之路作为其自觉行动。中央政府还有一个重要的工作抓手，那就是对地方政府的考核，即通过考核及考核结果产生的后续效应，充分发挥出各级地方政府的主体性作用。对产业政策的作用甚至要不要采取产业政策，我国学术界一直是有不同观点的。国际上一些坚持自由资本主义理念的国家，对产业政策更是采取批判性态度，但我们应该看到，如要真正推动一个国家实现碳中和，没有产业政策，恐怕是难以避免"路径依赖"的，因为低碳技术和相关产业很难从成本上同原有的高碳技术和相关产业在市场上竞争，至少在低碳产业发展初期是这样。

政府在保证市场公平、碳排放数据准确，以及对不良市场行为的处罚、震慑等方面，在法律框架内，还可以做具体而微的工作，由此保证一个对碳中和进程友好的市场环境。同时我们应该看到，有为政府也要防止"过度作为"。比如说，层层下指标，层层搞"一刀切式"的考核，就有可能人为地割裂统一的市场，使不同区域不能发挥各自在资源、产业、应用场景等方面的优势，反而起不了"一盘棋"的正面作用。

问题195：应对气候变化还会有国际博弈吗？

《巴黎协定》签订之前，不同国家集团之间在如何应对气候变化问题上是有争议的，争议的焦点主要在责任、资金、技术等方面。《巴黎协定》只是模糊了各方争议，把世界各国"引导"到承诺通过"自主贡献"，共同为控制2℃增温并争取把增温控制在1.5℃之内而努力上来。应该说，《巴黎协定》并没有解决过去的争议，并且在一段时期内，新的争议还有可能会浮出水面。所以说，尽管国际合作的大势已经形成，但国家集团间的博弈还将继续。

老问题依然存在，那就是"共同而有区别的责任"原则还要不要坚持？许多年前发达国家就承诺，每年拿出1000亿美元资金支持发展中国家，同时转让先进的绿色技术给发展中国家，这样的承诺还算不算数？以前该拿出的资金一直没拿出，算不算累计欠款？要不要在适当的时候清算？可以想见，发达国家一定会在碳减排话语体系之下"写新的一页"，至于发展中国家能否形成相互一致的话语，从整体上参与同发达国家的博弈，还得走着瞧。

其实，从排放历史看，发达国家是大大的"赤字"；从排放现状看，发达国家是享受型排放，发展中国家只是生存型排放，但这样的说法能不能在未来的国际合作和博弈中成为主流话语，还要看发展中国家参与谈判的代表们的认知与能力。

未来博弈中的一个较为严峻的问题将来自对未来碳排放空间的认知。控制2℃增温并将其努力控制在1.5℃之内，已成为国际条约的共识，但在这样的"天花板"之下，还有多少碳排放空间？对于这个问题，谁也不能确切回答，但从操作层面看，总得有一个数字。如果这个数字不大，那么一定会有要求排放大国加大减排力度的声浪出现，中美两国则会首当其冲。美国作为历史上的排放大国，也是现实中的排放大国，当前有必要做出更大力度的减排，但中国人均累计排放量只有全球平均值的一半多一点，我们该接受这样的要求吗？

对我国来说，还会碰到一个有可能引发贸易冲突的问题，即一些发达国家将设立"碳边境税"（或称"碳关税"），这本身是一个绿色贸易壁垒，但在全球应对气候变化的"制高点"下，我们不易批评它、推翻它，这就需要我们提前做好应对准备。

以后可能引起国家间、国家集团间博弈的问题一定不会少，因此全球共同努力、共同合作应对气候变化，虽然是总的潮流，但这并不表明这样的合作将是一片坦途。

问题 196：我们该如何规避能源安全风险？

碳中和过程也是国家能源供给体系做出深刻调整和变革的过程，其间不可避免地会隐含一些风险，因此需要国家和地方掌握相关政策的部门提前做好应对准备。一个风险是在能源结构调整过程中操之过急，即急于将化石能源消费降下来，这在新的能源供给体系的相关技术尚不成熟，比如储能技术不能支撑可再生能源外输的情形下，就有可能造成阶段性能源短缺的问题。其实这个现象在最近几年已经发生过，它的出现同有关部门下达的相关考核指标过紧，一些地方政府为满足考核要求，不得不关停一些煤矿有关。要规避这方面的风险，一方面是国家宏观经济政策制定部门（尤其是能源政策制定部门）要充分认识到"能源转型之路"的艰巨性，另一方面是在制定能源规划时，要从传统上的紧平衡战略转到适当超前战略。

另一个风险来自可再生能源尤其是风、光发电本身具有的脆弱性，即它的波动性，这种波动性会导致电力供应的间歇性不足；对水力来说，这类风险也存在，比如在极端性的干旱年份，有可能出现水库库容不足，发电功率大大低于额定发电功率的情况。总之，比起火电来，来自自然界的不确定性和不可预测性会使电力短缺成为"事件性"现象。要规避这方面的风险，重点地区必须准备好应急性电源，电力调度部门也得有"保"或"限"的应急预案，以免出现应对无序或不力的局面。

问题197：如何把碳中和与生态文明建设协同起来？

生态文明建设的主体性工作是污染治理，出现蓝天、碧水、净土的美好环境，以及促使各类生态系统恢复到与它们的自然环境相适应、相平衡的那个面貌，从而使美丽中国成为现实。碳中和的主体性工作尽管落在能源领域，但它同环境污染治理和生态文明建设是可以高度协调的。

首先是治污与减碳的协调。现实中，大气污染物的主体来自化石能源的利用，碳中和的实现将把化石能源的燃烧利用降到最低限度，从而使大气污染物的减少同碳减排得到直接的协同。另外，工业生产会产生钢渣、磷石膏等固体废弃物，它们对水、土产生潜在的污染风险。在碳中和的要求下，这些废弃物将用于水泥等建筑材料的生产，从而把水泥的 CO_2 排放量降下来。这样的替代尽管会在一定程度上增加水泥等建筑材料的生产成本，但综合评价其环境效益和降碳效益，这样的成本增加还是可以接受的。

碳中和与生态文明建设的协同作用也非常直接。首先是生态系统的固碳，这种固碳既包括地上部分，也包括地下部分。固碳本身是实现碳中和必须具备的前提条件，生态恢复了，它的社会效益是巨大的。一个更直接的例子是光伏治沙作业。在一些荒漠、戈壁上建光伏电厂，太阳能电池板的覆盖使地表的蒸发作用大大减弱，同时光伏电池板的定期冲洗需求又使电厂的土地获得额外水分，从而使光伏电池板下的植物得以生长，由此收到额外的生态效益。

问题 198：如何做好碳中和宣传工作？

碳中和是一件世界性的大事，需要正确的宣传予以引导，同时要掌握好对内和对外的宣传重点。在对内宣传上，要让社会公众明白碳中和在应对全球气候变暖上的作用，用科学知识武装大众的头脑，同时更要普及如何实现碳中和的相关知识，引导大家追求绿色低碳的生活方式，形成人人都为碳中和做贡献的良好局面。在积极宣传碳中和对人类社会、对中华民族伟大复兴的重大意义的同时，也要让社会公众明白实现碳中和之艰巨性和长期性，从而以科学、理性的态度来对待碳中和，既不要把碳中和神圣化，也不能把化石能源妖魔化，更不能把碳排放视为"恶之源"。

在对外宣传上，要讲好中国故事、讲好中国政府和公众为碳减排所做的不懈努力和取得的成效，同时要通过宣传工作和科学数据，说清楚我国的碳排放历史和现状，使全世界其他国家明白中国是一个资源能源节约型国家，我们的一大块碳排放是通过产品出口而为其他国家做出的贡献。当然，宣传工作部门更要注重维护国家的利益，对那些恶意诋毁或抹黑我国能源政策、环保政策、应对气候变化政策的言论要有理有节地予以坚决反击。

问题 199：碳中和对我国的主要挑战是什么？

实现碳中和，对我国来说是一场巨大的挑战，主要的挑战表现在以下四个方面。一是我国的能源禀赋以煤炭为主。我们在前面已经介绍过，在释放相同热量的条件下，煤炭、石油、天然气在 CO_2 排放上的比例为 $1 : 0.8 : 0.6$。我国的发电长期以煤炭为主，同石油、天然气在火电中占比很高的那些欧美发达国家相比，这是资源性劣势。二是我国的制造业规模庞大。我国有 68% 左右的 CO_2 排放来自工业，这个占比高于绝大部分国家，这同我国"世界工厂"的全球分工有关，并且我们未来也不能以降低制造业比重来实现碳减排，因为这会使就业出现大问题。三是我国经济社会还处于压缩式快速发展阶段，城镇化、基础设施建设、人民生活水平提升还有很大空间，人均能耗必定会以较快的速度增长一个时期。四是我国从 2030 年碳达峰后到 2060 年实现碳中和，其间只有 30 年时间，而美国、英国、法国等从人均碳排放量考察，在 20 世纪七八十年代就达峰了，它们从碳达峰到碳中和，有七八十年的调整时间。

问题 200：碳中和对我国的主要机遇是什么？

除了挑战，我国在实现碳中和上也有巨大的机遇，这从以下五个主要方面可以看出。一是我国光伏发电技术在世界上已经是"一骑绝尘"，风力发电技术处在国际第一方阵，核电技术也跨入世界先进行列，建造水电站的水平更是无出其右者，这将从发电领域保证我国绿电技术的先进性。二是我国西部有大量的风、光资源，东部有漫长的海岸线和广阔的大陆架，有利于海上风电场的建设，就是说从资源的角度来看，可再生能源是绰绰有余的。三是我国的森林大多处于幼年期，并且还有不少可造林面积，加之